零基础也能织的
宝贝毛衣

潘美伶 ◎ 著

辽宁科学技术出版社
·沈 阳·

潘美伶

从事毛线推广及教学多年，拥有日本NAC系统毛线编物、日本纯银钩针饰品及中国台湾毛线手艺协进会中国结艺讲师资格。

著有《秋冬美人编织服饰》、《型男时尚编织》、《纸线的春夏编织》、《我的个性手机袋》、《时尚棒针编织秀》、《我的手编背心》、《我的手编毛线帽》、《银线串珠编织》、《我的围脖编织书》等书。

在我的教学经验中，学编织的多是女性，起因除了自己的兴趣，常有想要帮身边在乎的人动手做独一无二的礼物者，像太太送先生、妈妈送小孩、女儿送爸爸、女孩送男孩，还有奶奶织给心爱的宝贝金孙……很幸运可以在这一行里传递幸福。

本书特别为即将迎接新生命的家庭成员介绍多款适合0~3岁宝宝居家穿着及外出穿搭的服饰，提供读者编织学习，让大家可以轻松完成可爱的宝宝造型服饰。不只如此，为了让读者能拥有编织乐趣，书中作品网罗了各种各样的编织技巧，让所有喜爱编织者能更清楚了解各种技巧，尔后能自行创作与运用。

纯手工的编织作品不仅可以随心所欲挑选自己喜爱的颜色，款式、花样和材质也能自行变化，想要让宝贝都能穿得安心又舒适，利用手工DIY是最好不过的选择。欢迎编织新手能加入共享编织毛线的乐趣，一定能让生活多更多的幸福。

潘美伶

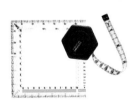

Contents

目 录

高领连袖斗篷

穿上保暖性极佳的斗篷款式外套，
即使天气再冷也不怕~~

How to knit ···P70

毛线 / 威尼斯段染毛线

完成尺寸 / 下摆衣宽105cm、衣长44cm、

后中心量起袖长58cm

高领连袖斗篷

5

圆形剪接上衣

可爱泡泡圆弧曲线上衣，
甜美气质为宝贝可爱加分。

毛线 | 婴儿蚕丝线

完成尺寸 | 衣宽54cm、衣长31cm

cheer up! My frien

Sweater

6

How to knit ···P74

毛线 / SOHO线

完成尺寸 / 衣宽48cm、衣长28cm

圆领短袖毛衣

可爱＆质感兼具的金葱上衣，令人爱不释手，下搭任何裤裙款都会可爱一百分。

基本圆领开襟外套

How to knit ···P75

毛线 / 皇族美丽诺毛线

完成尺寸 / 衣宽70cm、衣长40cm、袖长33cm

基本圆领开襟外套

美式作风，基本穿搭款，即使是素面外套，也能让小宝贝走到哪里都是注目的焦点！

圆领传统背心

秋款气质清爽女童背心，
甜美女孩必备单品！

How to knit···P78

毛线/翡翠美丽诺花羊毛线

完成尺寸/衣宽70cm、衣长37.5cm

遮耳帽做法见P 108

Vest

V领传统背心

美式款型休闲背心，是宝贝秋
冬季节外出的最好选择。

How to knit ⋯P79

毛线 / 翡翠美丽诺花毛线

完成尺寸 / 衣宽70cm、衣长37.5cm

直线背心

学院风的中性设计，
是冷冬不可或缺的实用单品。

How to knit ···P82

毛线/澳洲纯羊毛花线

完成尺寸/衣宽56cm、衣长31cm

Vest

How to knit···P83

毛线/羊毛线

完成尺寸/衣宽74cm、衣长35.5cm

V领配色直线背心

阳光海洋风，男孩最潮的冬日打扮，
个性设计超有型。

曲线造型小洋装

素色的上衣搭配巧思的款式，
整体简单又有个性。

How to knit···P80
毛线/经典金葱美丽诺毛线
完成尺寸/下摆衣宽88cm、衣长45cm

白线造型小汪装

Sweater

领口往下织
圆领毛衣

简约大方的款式，居家或
外出穿着都很舒适。

How to knit ⋯P86

毛线/乡村段染毛线

完成尺寸/衣宽54cm、衣长34cm

领口往下织 V领毛衣

经典好看、简单休闲，
不管是单穿或内搭都好看。

How to knit…P88

毛线／得恩段染毛线

完成尺寸／衣宽59cm、衣长29cm

Ps 短围巾做法见P107

束口保暖帽

可爱造型编织帽，居家或外出时
为宝宝戴上，最温暖、最舒适。

How to knit···P87

毛线／段染羊毛线

完成尺寸／帽宽42cm、帽深29cm

Vest

How to knit ···P84

毛线 / 日本钻石DTM段染毛线

完成尺寸 / 衣宽60cm、衣长31cm

基本V领开襟背心

材质轻薄，简单衣着，给宝宝最自然舒适的触感。

How to knit ⋯P90

毛线 / 东风粗细变化线

完成尺寸 / 衣宽68cm、衣长36cm

包袖背心

简单设计的日式风格，
是男孩平日最好搭配的单品。

直线翻领
开襟背心

How to knit···P92

毛线/日本钻石PM段染毛线

完成尺寸/衣宽54cm、衣长32cm

具光泽感的开襟背心让小宝贝的时尚
度迅速提升！保暖&时尚一次搜齐！

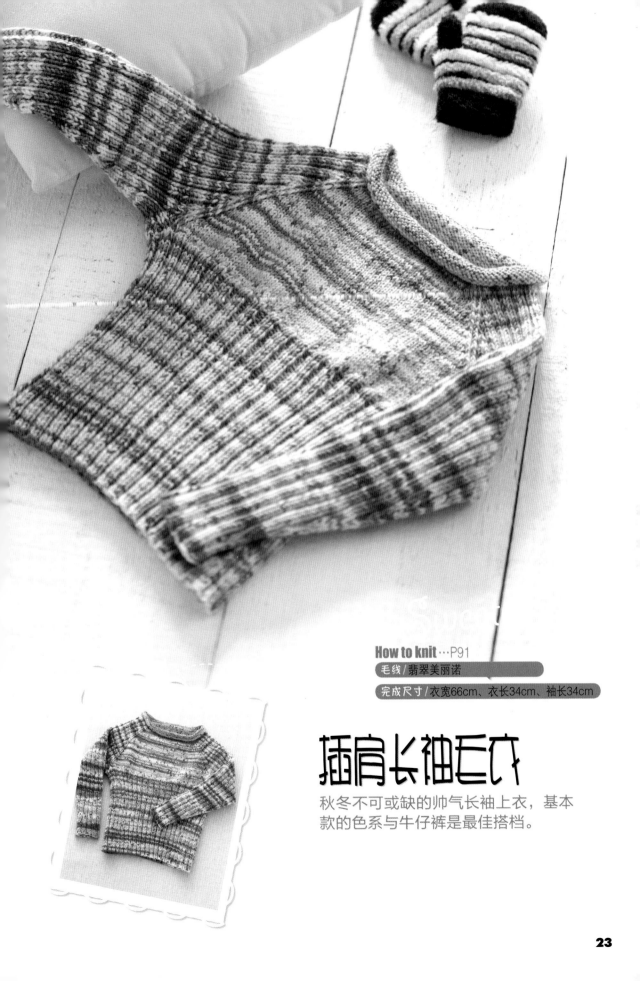

How to knit···P91

毛线/翡翠美丽诺

完成尺寸/衣宽66cm、衣长34cm、袖长34cm

插肩长袖毛衣

秋冬不可或缺的帅气长袖上衣，基本
款的色系与牛仔裤是最佳搭档。

领口花边套头毛衣

胸前的花样设计增加设计感,
让女娃们甜美指数一百分!

How to knit···P93

毛线/阿卡波特段染线

完成尺寸/衣宽64cm、衣长35cm

领口花边套头衣

口袋翻领背心

沾浪莲裙

口袋翻领背心

素面设计配上充满童趣的贴布LOGO，轻松呈现休闲LOOK！

How to knit···P94

| 毛线 | 飞尔达粗毛线 |

| 完成尺寸 | 衣宽64cm、衣长35cm |

波浪蓬裙

裙摆波浪为整体造型增添变化，材质伸缩性极佳，让小宝贝穿得舒适自在！

How to knit···P96

| 毛线 | 婴儿棉棉线 |

| 完成尺寸 | 裙摆宽106cm、裙长31cm |

背袋做法见P107

丝瓜领翻领背心

舒适材质与细腻设计，让小男生和小女生都
能穿出自己的特色，又不容易撞衫。

How to knit ···P98

毛线 / 纽薇拉段染毛线

完成尺寸 / 衣宽66cm、衣长34cm

丝口领翻领背心

三角翻领背心

颜色鲜艳活泼，款型别致，让您的宝贝穿得保暖又有型。

How to knit···P100

毛线/飞尔达粗毛线

完成尺寸/衣宽68cm、衣长32cm

Hat+muffler

连帽围巾

How to knit…P97

毛线 / 婴儿棉棉线

完成尺寸 / 帽宽42cm、帽深&围巾110cm

100%纯棉材质呵护小宝贝的肌肤，可爱度一百分的设计让人人都想拥有。

连身帽斗篷

轻柔的羊毛线呵护小宝贝的肌肤，兼具舒适度与造型度的外套由此诞生！

How to knit···P106

毛线/婴儿棉棉线

完成尺寸/衣下摆宽108cm、衣长31cm、帽深23cm

连身帽斗篷

长袖滚边开襟外套

How to knit ⋯P102

毛线／皇族美丽诺毛线、金缕羽毛线

完成尺寸／衣宽70cm、衣长43cm、袖长34cm

长袖滚边开襟外套

超人气红色上衣是冬季必然选择，
不论圣诞节、过年，穿着都抢眼。

女童长版背心

织法 KNIT⋯P104

毛线 宝贝婴儿线

完成尺寸 衣宽54cm、腰宽50cm、衣长44cm

长版衣身设计，
摇身一变成为成熟
小女孩风格~

Vest

Cape

How to knit ···P99

毛线/混纺毛线

完成尺寸/下摆65cm、上领40cm、长29cm

短套头披肩

贴身好穿，舒适好搭，
超可爱贴心设计。

●编织基本工具●

小小的纺织工具，各有其特殊的功能，若能在编织时备妥，可以让操作更加顺手。

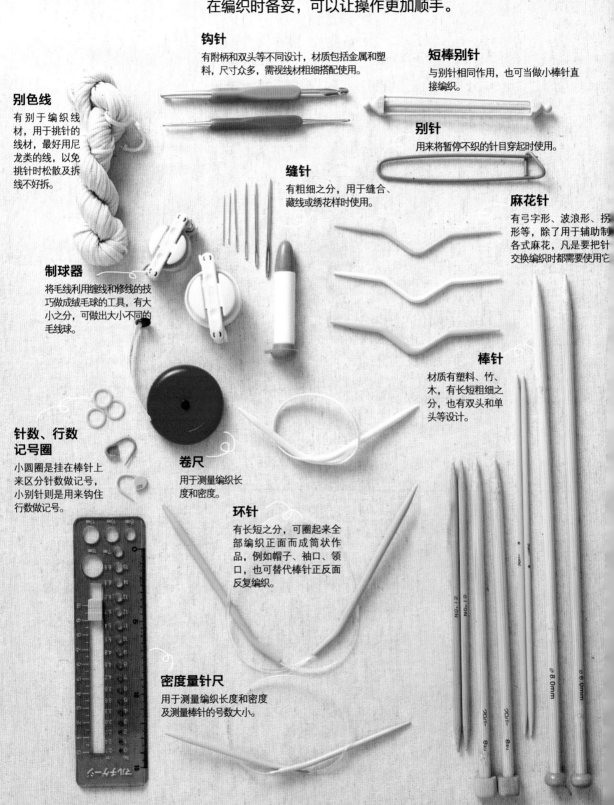

钩针

有附柄和双头等不同设计，材质包括金属和塑料，尺寸众多，需视线材粗细搭配使用。

短棒别针

与别针相同作用，也可当做小棒针直接编织。

别色线

有别于编织线材，用于挑针的线材，最好用尼龙类的线，以免挑针时松散及拆线不好拆。

别针

用来将暂停不织的针目穿起时使用。

缝针

有粗细之分，用于缝合、藏线或绣花样时使用。

麻花针

有弓字形、波浪形、拐形等，除了用于辅助制各式麻花，凡是要把针交换编织时都需要使用它

制球器

将毛线利用缠线和修线的技巧做成绒毛球的工具，有大小之分，可做出大小不同的毛线球。

棒针

材质有塑料、竹、木，有长短粗细之分，也有双头和单头等设计。

针数、行数记号圈

小圆圈是挂在棒针上来区分针数做记号，小别针则是用来钩住行数做记号。

卷尺

用于测量编织长度和密度。

环针

有长短之分，可圈起来全部编织正面而成筒状作品，例如帽子、袖口、领口，也可替代棒针正反面反复编织。

密度量针尺

用于测量编织长度和密度及测量棒针的号数大小。

●本书使用材料●

毛线

编织婴幼儿衣物时，为保护宝宝细嫩的肌肤，可选择较柔软的毛线，"婴儿专用线"通常指已经特殊处理，柔软度也很好，同时为了小baby量身打造的舒适颜色或是特殊可爱的线材，价格稍贵；如果要降低过敏的现象，在挑毛线时，可以尽量挑美丽诺羊毛线或毛絮较少的羊毛线；如果是夏天的话，也可以选用一些纯棉的夏纱编织。

辅材

A 扣子

有各种材质与样式，可依喜好缝于衣物上装饰使用。

B 暗扣

用于固定衣服的开口且扣子不外露。

C 松紧带

弹性织物，可以使用的范围很广，如本书则用于衣物腰头。

D 刺绣贴布

装饰于袋物或衣物上，让作品增添不同的风格。使用熨斗贴烫于作品上，让作品更具特色。

E 绣线

适于刺绣或缝扣子。

●刺绣贴布的熨烫● Tips

1 准备描图纸与刺绣贴布。
2 依序将刺绣贴布与描图纸放在预贴烫的毛衣上，用中温烫约30秒即可。

● 由领口往下织的编织概念及顺序 ●

* 各部位名称

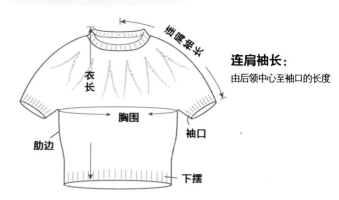

连肩袖长：
由后领中心至袖口的长度

* 套头上衣的编织顺序

① 剪接部分

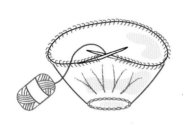

开始编织的位置在领围线的后片和左袖的交界处。以40cm或60cm的环针以别色线起针，环状编织剪接部分。

② 后片作前后差 2～4cm

袖子部分穿入别色线作停针

为了使后领比前领高，所以在后片作前后差2～4cm，此时袖子部分的针目用别色线或别针穿好停针。

③ 做出裆份

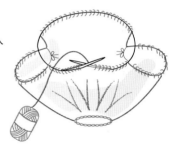

于前后片之间以别色线钩锁针，加出所需要的裆份，将前后片连着作环状编织。

④ 身片部分

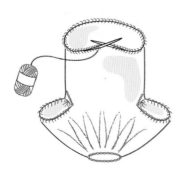

继续往下编织至所要的衣长长度。

⑤ 袖子

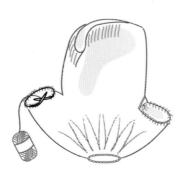

袖子是将做法②停针的针目和前后差、裆份挑针环状编织。

⑥ 领子

领子是由起针处拆别色线挑针，后接线继续编织领口。

✳ 袖子的编织法

右袖由●处将别色线穿的针目移至40cm环针，裆份的针目边拆别色线边继续穿入环针，接上新线由前后差的行挑出必要的针数，环状编织袖子。左袖依裆份、袖子停针的针目顺序穿入环针，由前后差的行挑针开始编织。

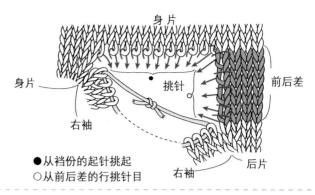

身片

身片

挑针

右袖

前后差

右袖

后片

●从裆份的起针挑起
○从前后差的行挑针目

✳ 前后差与裆份的编织法

剪接部分织好，袖子部分以别色线穿入停针，前片用原来的环针穿着，只有编织后片的前后差按指定的行数正反面编织。裆份用别色线钩必要的针数，2条备用，夹在前后片之间，套头上衣按后片、裆份、前片、裆份顺序编织，外套则按左前片、裆份、后片、裆份、右前片的顺序编织。

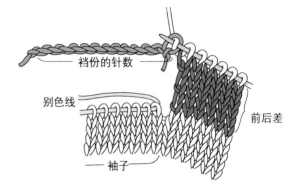

裆份的针数

别色线

前后差

袖子

✳插肩线的加针

插肩线有4条，插肩线交界处各1针（共2针），左右各作加针。
每2行作加针，在加针的行作挂针，次行再织成扭针。

左右对称 ＲＬＬＲ

 第3行

①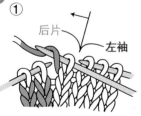

后片

左袖

织后片的1针，作挂针。

②

右袖

后片

织后片最后1针之前，线从后面往前挂。

③

右袖

后片

继续织右袖的1针，作挂针。相同地在其他5处作加针。

第4行

①

后片

左袖

作挂针的针目，如箭头所示做成扭针再织。

②

右袖

后片

相反侧为呈对称，做成对称的扭针编织。

③

右袖

后片

重复动作1~2。

●认识编织图示与简易推算●

＊ 认识编织图示

加减针标示

遇到需要加减针的地方，通常会用三位数字标示，分别表示行数、针数、次数。以2-1-1为例，表示"每2行、加/减1针、加/减1次"，但本书内为区分加减针，将2-1-1表示减针，而2+1-1表示加针。

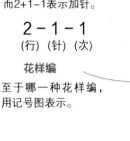

$$2-1-1$$
(行) (针) (次)

花样编

至于哪一种花样编，用记号图表示。

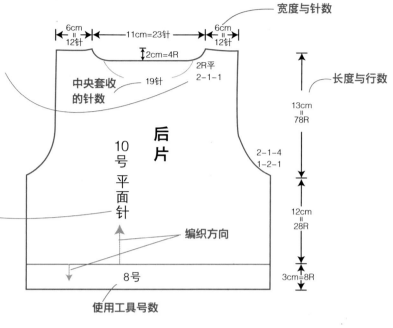

宽度与针数

6cm ＝ 12针
11cm=23针
6cm ＝ 12针

中央套收的针数
2cm=4R
2R平
2-1-1
19针

长度与行数

13cm 78R

后片

10号平面针

2-1-4
1-2-1

12cm 28R

编织方向

3cm=8R

8号

使用工具号数

＊ 分散加减针的算法

例：88针加成96针
96针 – 88针 ＝ 加8针
端边不加，由中间均等地加8针
所以必须要有9个间隔
88针 ÷ 9间隔 ＝ 9针余7针
多余的7针分别分配在7个间隔中

例：93针减成82针
93针 – 82针 ＝ 减11针
93针 ÷ 11间隔 ＝ 8针余5针
多余的5针分别分配在5个间隔中

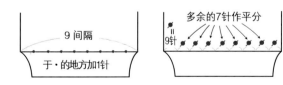

9间隔
于·的地方加1针

多余的7针作平分
9间隔

于·的地方加1针
11间隔

多余的5针均等平分于各间隔
8针

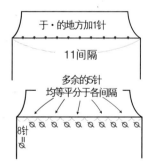

＊ 何谓密度

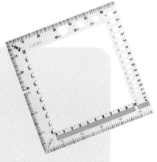

针/英文代号"X"，表示织片横向的编目。
行/英文代号"R"，表示织片纵向的编目。
密度/10cm×10cm的范围内，横向的针数以及纵向的行数。
例：19X/24R，表示横向10cm有19针，纵向10cm有24行。

＊密度是一般编织书籍提供参考的标准规格，让读者可用来检视编织针目的松紧度是否与书中作品相同。如果差距太大，就要调整松紧度或修改编织图，否则制作出的作品可能会尺寸不合。

● 基本背心做法示范 ●

三角翻领背心

- 材料／毛线100g×2个
- 工具／8mm棒针
- 密度／10cm＝11X/16R
- 完成尺寸／衣宽64cm、衣长28cm

＊本作品为示范款，原作品请参考P28丝瓜翻领背心及P98做法。

1 准备工具与材料。

2 以钩针起针。

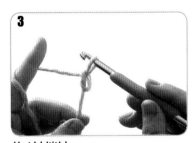

3 钩1针锁针。

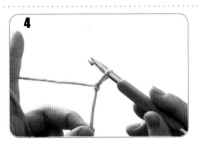

4 将线拉紧。

5 将棒针放在线上。

6 包夹着棒针钩锁针。

7

完成1针。

8

按上述方法重复1针。

9

完成4针，放1记号圈。

10

再完成17针，放1记号圈。

11

再继续完成35针，放1记号圈。

12

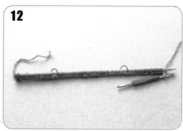

继续完成17针，放1记号圈。

13

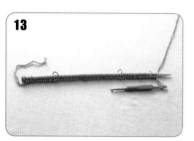

最后完成3针。

14

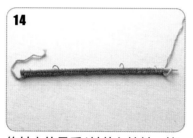

钩针上的最后1针放入棒针，拉紧。

15

第1针织下针。

16

完成4针下针后，记号圈移至右棒针上。

17

继续织下针，记号圈也依序移至右棒针上。

18

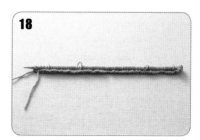

完成第1行。

19

继续完成共6行起伏针。

20

准备开扣洞(1)：第7行第1针先织下针。

21

第2、3针一起织下针(即左上二并针)。

22

做1针挂针(把线放棒针上)。

23

第4针继续织下针，开扣洞完成。

24

如图编织继续完成第7行。

25

第8行，前4针织下针，第5针以后织上针。

26

继续织上针至剩最后4针。

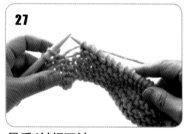

27

最后4针织下针。

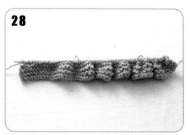

28

第8行完成。

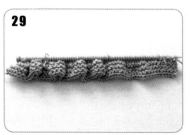

29

第8行完成的正面。

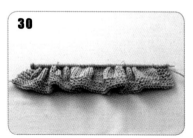

30

继续以奇数行织下针，偶数行前后4针织下针，其余织上针，完成编织14行。

31

完成扣洞(1)。

32

第15行重复P46 做法20~24完成开扣洞(2)。

33

第16行以偶数行织前4针下针、其余上针、后4针下针。

34

完成扣洞(2)。

35

继续以奇数行织下针，偶数行前后4针织下针，其余织上针，并于第23行开扣洞(3)完成编织至26行。

36

完成扣洞(3)。

37

第27行以下针完成。

38

第28行开始织领口，第1针织下针。

39

将线放在棒针上做正挂针。

40

再织4针下针，放1记号圈。*记号圈隔出的5针为领口位置均织起伏针。

41

再织9针上针，放1记号圈。

42

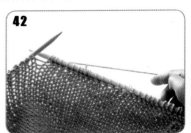

再织14针下针为袖口位置，放1记号圈。

43

再织21针上针，再织14针下针
（袖口位置）放1记号圈。

44

再织9针上针放1记号圈，最后织
4下针。

45

剩最后1针时如图做反挂针，再
织最后1针。

46

完成第28行。

47

第29行第1针织下针后做反挂扭
针。

48

第2针织反挂扭针（织上线下针）。

49

倒数第2针织正挂扭针。

正挂扭针织下线下针。

完成正挂扭针。

50

完成第29行。

51

第30行第1针织下针，第2针正
挂。

52

再织6下针。

53

织8上针、4下针，接着以下针套收针套收6针。

54

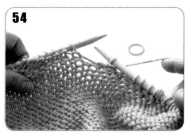

套收至记号圈处，拿掉记号圈，继续再套收。

55

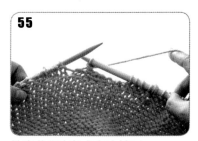

共套收6针完成右边袖口。

56

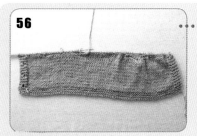

完成21针上针。

57

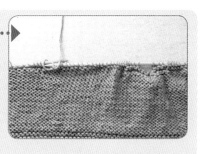

再织4下针。

58

套收3针，拿掉记号圈。

59

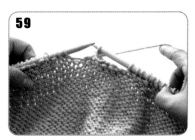

继续共套收6针。

60

织4下针、8上针。

61

最后织6针下针，1反挂，1下针。

62

第30行完成。

63

第30行完成的正面。

64

右前片：第31行以1下针、1反挂扭针、6下针，编织至袖下。

65

后片、左前片别针别起暂不编织。

66

右前片：第32行织4下针、8上针、8下针。

67

第33行奇数行全部织下针。

68

第34行织4下针、7上针、8下针、1反挂、1下针。

69

第35行织1下针、1反挂扭针、其余全部下针。

70

第36行织4下针、7上针、10下针，并拿掉记号圈。

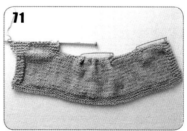

71

第37行后如下表编织。

右前片	第37行	21针全下针
	第38行	4下针、6上针、10下针1反挂、1下针
	第39行	22针全下针(1下针、1反挂扭针，其余20针全下针)
	第40行	4下针、6上针、12下针
	第41行	22针全下针
	第42行	4下针、5上针、12下针1反挂、1下针
	第43行	23针全下针(1下针、1反挂扭针，其余21针全下针)
	第44行	4下针、4上针、14下针1反挂、1下针
	第45行	24针全下针(1下针、1反挂扭针，其余22针全下针)
	第46行	4下针、4上针、16下针

72

第46行完成，右前片完成。

73

将完成的右前片别起暂停。

74

后片：将别针上的针目穿回棒针上。

75

接新线织后片第31行奇数行全部织下针。

76

第32行偶数行前后4针织下针，其余21针织上针。

77

第33~46行以奇数行全部织下针；偶数行前后4针织下针，其余21针织上针。编织完成。

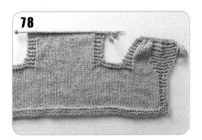

78

右前片与后片完成。

79

左前片：将别针上的针目穿回棒针上。

80

第31行接线开始编织。

81

第31行织18下针、1正挂扭针、再1下针。

82

第32行织8下针、8上针、4下针。

83

第33行全部织下针共20针。

84

第34行先织1下针再织1正挂、8
下针、7上针、4下针。

85

第35行织19下针、1正挂扭针、
1下针。

86

第36行织10下针、7上针、4下
针，并拿下记号圈。第37行后如
左前片文字叙述编织。

87

第46行完成，左前片完成。

88

左前片、右前片与后片完成。

89

于肩部及后片各挑出肩部的8
针。

90

将右边肩部前后片各8针对齐。

91

将肩部前片针目套后片针数，
做中表接缝。

前片第1针套过后片第1针。

中表接缝法完成第1针。

中表接缝完成3针。

92

肩部接合完成。

	第37行	21针全下针
	第38行	1下针、1正挂、10下针、6上针、4下针
	第39行	22针全下针(即20下针、1正挂扭针、1下针)
左	第40行	12下针、6上针、4下针
前	第41行	22针全下针
片	第42行	1下针、1正挂、12下针、5上针、4下针
	第43行	23针全下针(即21下针、1正挂扭针、1下针)
	第44行	1下针、1正挂、14下针、4上针、4下针
	第45行	24针全下针(即22下针、1正挂扭针、1下针)
	第46行	16下针、4上针、4下针

完成肩部前片套后片。

右肩部以下针套收法套收。

余线穿入拉紧，完成右肩部接合。

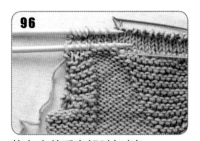

将左肩前后肩部8针对齐。

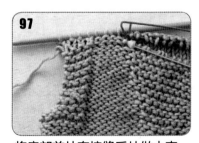

将肩部前片套接缝后片做中表。

左肩部以上针套收法套收。

99

套收完成余线穿入拉紧。

100

完成作品肩部接合。

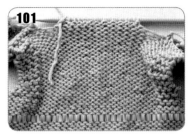

101

回到正面将后片13针接线续织下针。后领第2行第1针织下针、正挂、11针下针、反挂、1下针，完成。

102

后领第3行织1下针、1反挂扭针、11针下针、正挂扭针，完成。

103

后领第4行第1针织下针、正挂、13针下针、反挂、1下针，完成。

104

依P56编织图编织后领共20行编织完成。

105

后领以下针套收法套收。

106

将领子部位对齐。

107

将右前领与后领以行对针上针平针缝缝合，先取1针。

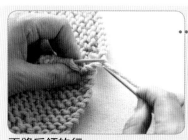

再缝后领的行。

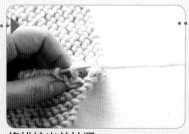

将线拉出并拉紧。

回缝第1针上挑及棒针上第2针下挑。

108

将左前领与后领以上针的平针缝缝合。

109

完成的背面样。

110

将扣子缝上。

111

完成的正面。

112

完成的背面。

Tips ●整烫●

织好的衣物可用蒸汽熨斗稍离织片约1cm的距离，轻轻地作整烫，先让织片充满水蒸气后，用手稍按压整理就会平整了。

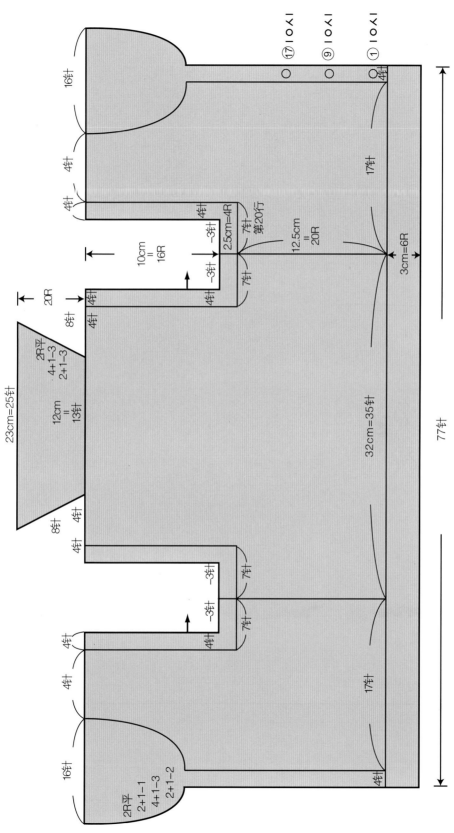

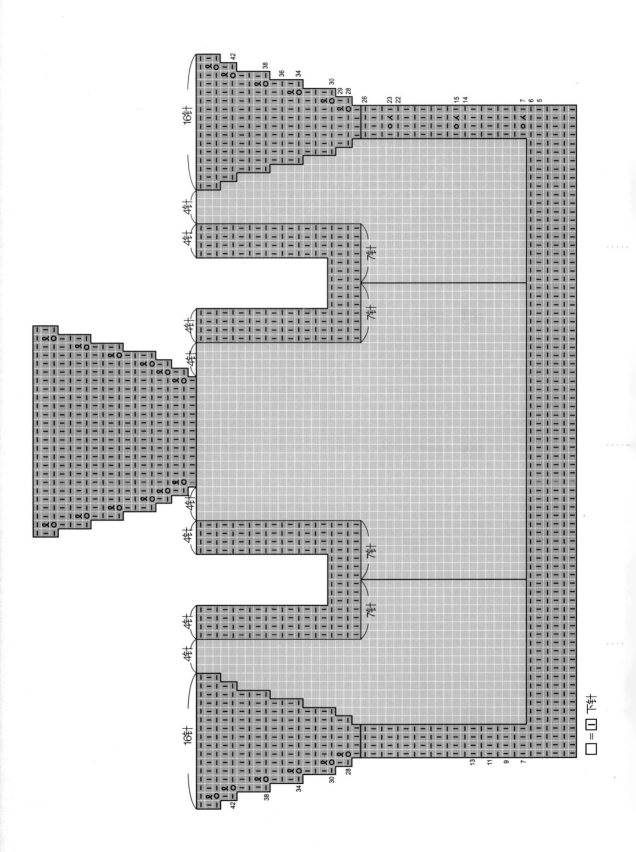

基本针法与缝法

How to knit

[各式起针法]

＊手指挂线起针法

① 先做出第1针。

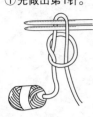

② 将线端拉紧。

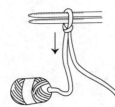

③ 短线放在拇指上，线留作品宽度的3倍。

挂在食指上　挂在拇指上

④

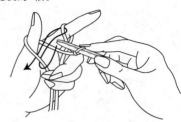

⑤

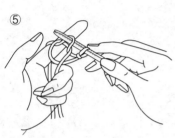

⑥ 拉紧后重复成所需针数。

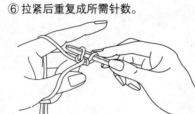

⑦

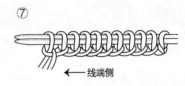

←——线端侧

Ps 此行起针用的棒针如只用1支棒针，则需比作品实际用的针号大2号。

＊一针松紧针起针法

① 长的线　短的线

② 下针

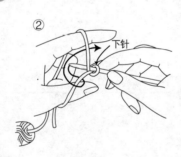

③ 上针

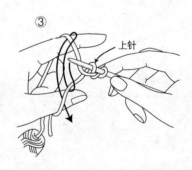

④ 起针完成后，第1针为浮针(不织)。

下针　浮针

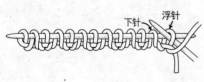

Ⓐ 第1行开始编。

浮针　下针　浮针

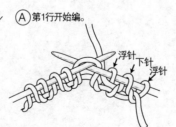

Ⓑ 以1针浮针、1针下针交互操作B～C。

下针　浮针　下针

Ⓒ 下针　浮针

58

⑤完成起针。

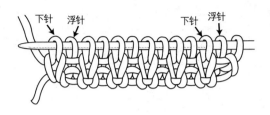

下针　浮针　　　　　下针　浮针

⑥开始织一针松紧针。

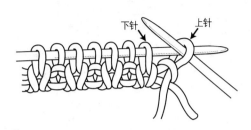

下针　　　　上针

＊钩针、棒针本色线＆别色线起针法

①依箭头方向引出线。

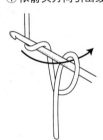

②钩一针锁针。

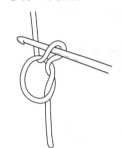

③将棒针放在线上。

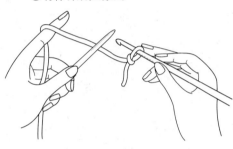

④包夹着棒针钩锁针。

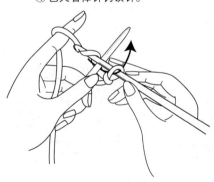

⑤将线绕到棒针下面。

⑥接着再钩一锁针。

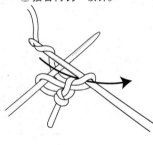

⑦完成时将钩针上的针目
　依箭头放到棒针上。

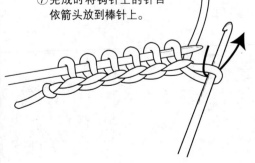

Ps 本色线是直接以毛线起针，别色线则是先借由一条别
色线（尼龙成分更好）起针后再以毛线编织。

环针使用 将所需针目起完针后，编织第1针使它接成一个圆筒，一直往前编织。

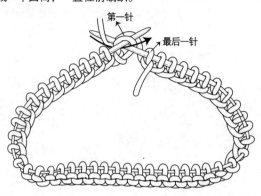

美式起针法

① ② ③

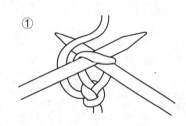

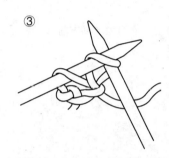

[棒针编织符号]

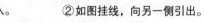

上针

① 右针由另一侧插针进入。　② 如图挂线，向另一侧引出。　③ 完成上针。

－

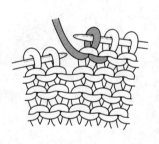

下针

① 从前侧插针进入。　② 挂线后，由前侧引出。　③ 完成下针。

Ｉ

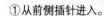
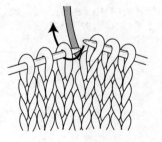
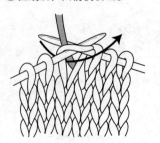
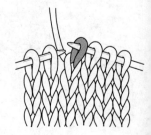

*认识编织记号图

a. 平面针

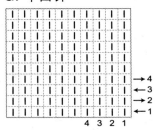

4 3 2 1

b. 起伏针

4 3 2 1

c. 一针松紧针

4 3 2 1

d. 二针松 紧针

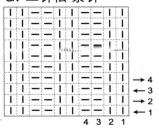

4 3 2 1

$\mathcal{P}_S$ 一般编织时止面编织奇数行（记号图由右往左看），反面编织偶数行（记号图由左往右看且是相反针法，如图标示上针即织下针），但若使用环针时只要按照记号图操作即可。

---

*左斜下针

  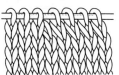

*右斜下针

  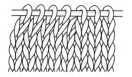

---

*左上二并针

① 如箭头所示，由2针目针的左侧同时插针进入。

② 一起织下针。

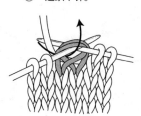

$\mathcal{P}_S$ 可延伸为左上三并针… （即三针一起织下针）

③ 完成并针。

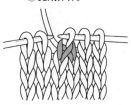

---

*右上二并针

$\mathcal{P}_S$ 可延伸为右上三并针… （即第一针下滑，而第二针与第三针做 人 针，再将第一针套在左边针目上）

① 由右边针目前侧插针进入，不织滑到右针上。

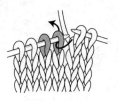

② 左边针目织成下针。

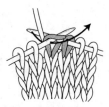

③ 把滑开的右边针目套在左边针目上。

④ 完成并针。

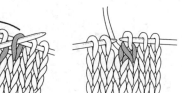

*左上二并针(上针情形)

① 如箭头所示，由2针目针的右侧同时插针进入。

② 织成上针。

③ 完成并针。

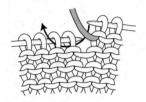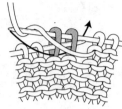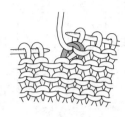

*右上二并针(上针情形)

① 由右边针目前侧插针进入，不织滑到右针上。

② 左边针目织成下针。

③ 把滑开的右边针目套在左边针目上。

④ 完成并针。

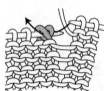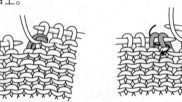

*中上三并针

① 右棒针如箭头方向插入。

② 左边针目织下针，右侧2针目套在左边针目上。

③ 完成。

 上针并针

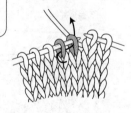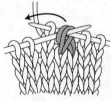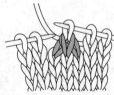

*下扭针

① 右棒针如箭头从下针的下线插入。

② 编织下针。

*上扭针

① 依箭头方向入针。

② 织上针。

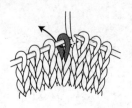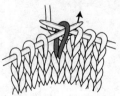

*扭加针

① 右手棒针穿入第1、2针之间的横线。

② 将线圈如图移至左手棒针。

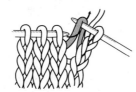

③ 将横线做成扭针。

④ 完成。

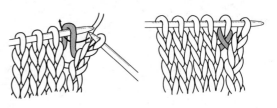

*下针扭加针

① 正面织时做挂针。

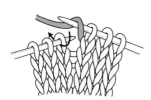

② 反面织时依箭头方向将棒针穿入。

③ 再依箭头方向织下针，成为扭上针。

*上针扭加针

① 正面织时做挂针。

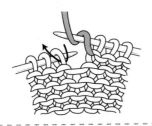

② 反面织时依箭头方向将棒针穿入。

③ 再依箭头方向织下针，成为扭下针。

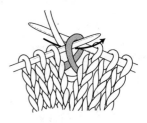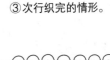

*挂针

① 在右针上，由前侧挂线。

② 下一针照平常方式织。

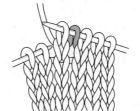

③ 次行织完的情形。

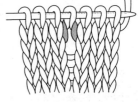

*滑针

V

① 一针不织，滑到右手针上。

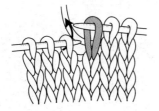

② 其余照常织完。

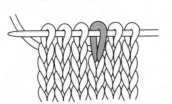

③ 织品在背面时的滑针做法。

*左上一针交叉

① 跨过一针，先织第2针。

② 织下针并将线引出，但针目不放掉。

③ 继续依箭头回头去织刚跨过的那一针目。

④ 完成左上一针交叉。

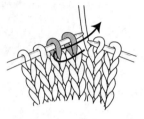
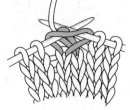
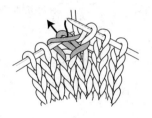
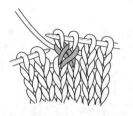

---

*右上一针交叉

① 跨过一针，先织第2针。

② 织下针并将线引出，但针目不放掉。

③ 继续依箭头回头去织刚跨过的那一针目。

④ 完成右上一针交叉。

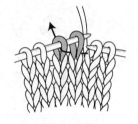
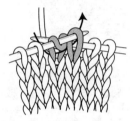
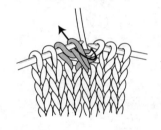
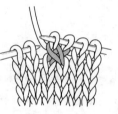

---

*右上二针交叉

Ps 可延伸为右上三针交叉
右上四针交叉

① 将右边1、2针移到麻花针上放在棒针前面。

② 以下针织左边3、4针。

③ 以下针织1、2针。

④ 完成右上二针交叉。

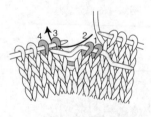
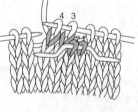
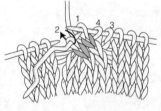
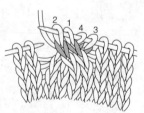

---

*左上二针交叉

Ps 可延伸为左上三针交叉
左上四针交叉

① 将右边1、2针移到麻花针上放在棒针后面。

② 以下针织左边3、4针。

③ 以下针织1、2针。

④ 完成左上二针交叉。

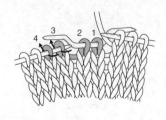
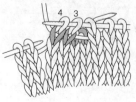
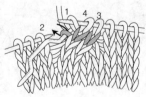
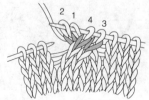

[钩针针法符号]

*锁针

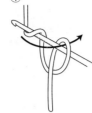 ①

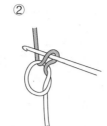 ②

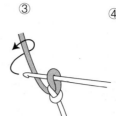 ③

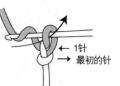

④ *挂线引拔出为起针，不算1针。

← 1针
→ 最初的针

---

*引拔

 ①

 ②

*插入必要位置，挂线后直接引出线，即为引拔。

[接合＆收缝法]

*上针套收

*重复步骤①~②。

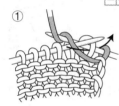 ①

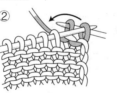 ②

 ③

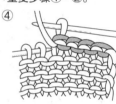 ④

---

*下针套收

 ①

 ②

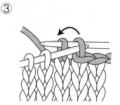 ③

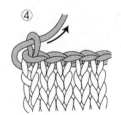 ④

---

*袖子接缝法(钩针接缝法)

 ①

袖子

将袖子正面和身片正面相对，翻到身片背面(袖子放入身片中)。

三等分
身片
(正面)

大约三等分以固定针稍固定。

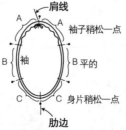

肩线
A A
袖子稍松一点
B 袖 B 平的
身片稍松一点
肋边

按顺序肋边对袖下，肩线对袖山点以固定针固定，前后袖圈三等分的点也以固定针固定。

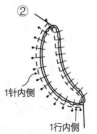 ②

1针内侧
1行内侧

三等分固定针之间再以1~2支针固定。

 ③

以钩针在身片1针的内侧以钩针引拔。

*一针松紧针环编收缝法

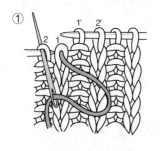

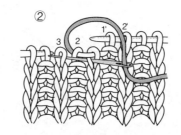

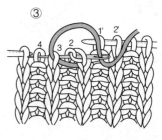

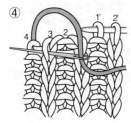

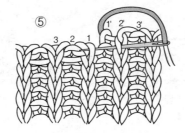

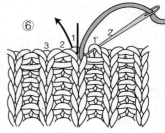

*二针松紧针环编收缝法

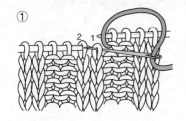

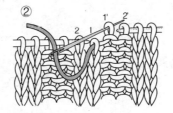

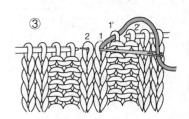

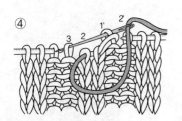

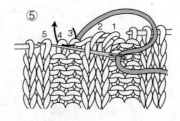

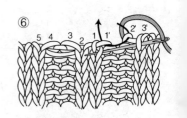

*重复步骤③~⑤。

*中表接缝法

① 两织片正面对正面，棒针从前片的针目穿入后片，再将后片针目引出。

② 依序将两片各1针引拔。

③ 用留下来的线织端针2针，将右针目套收至左针目上。

④ 依序套收至完。

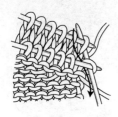

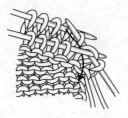

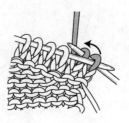

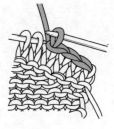

*活针与活针缝合

a. 下针与下针的缝合(平针缝)

①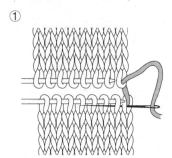

②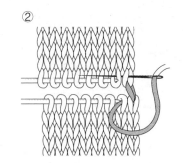

③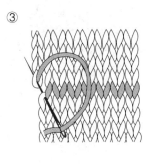

b. 下针与上针的缝合

①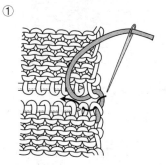

②

③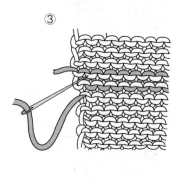

c. 起伏针与起伏针的缝合

①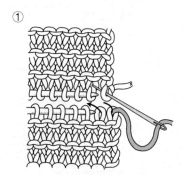

②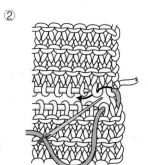

③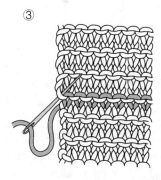

*针目与行的缝合

①

②

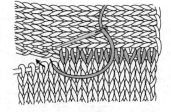
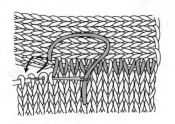

*行与套收针的缝合

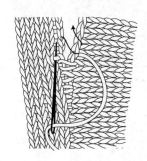

*行对行的挑针缝合

a. 下针平面编织行对行的挑针缝合

①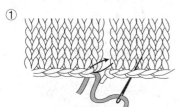

②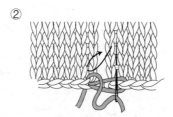

③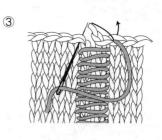

b. 上针行对行的挑针缝合

①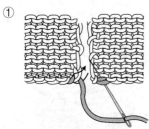

②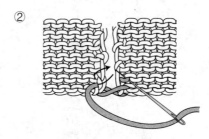

③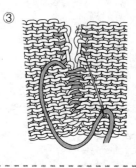

c. 起伏针行对行的缝合

①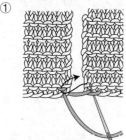

②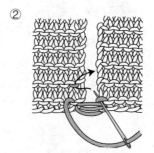

③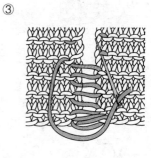

*领口挑针   ●=挑针位置

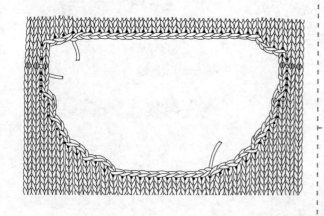

*行挑法

a. 下针情形挑针

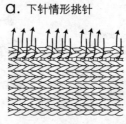

b. 上针情形挑针

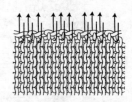

*针眼挑针法

a. 下针目针挑针

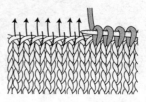

b. 上针针目挑针

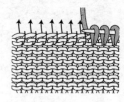

[编织小技巧]

*解别线法

① 将别色线的线头剪开。

② 边解开边以棒针将作品的针目套到针上。

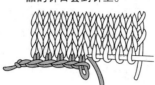

*流苏制作

① ② ③

*藏线头的方法

a. 将线头残留在织片的两侧，用缝针将线穿过端针2~3cm即可剪断。

① ②

残留的线头约留15cm

b. 若将线头残留在织片的中间，则分左右两边，沿着针眼将线藏2~3cm即可剪断。

① ②

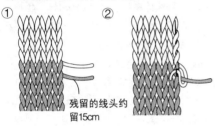
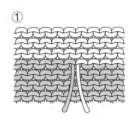
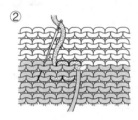

*掉针补救法

① 编织中途不小心掉了一针。

② 以钩针穿入遗漏的针目，一行一行地往上钩起。

③ 补救完成。

*中途编错补救法

① 编织中途其中有一针 应为下针，但织成上针。

② 将针目往下放掉。

③ 拆到错误的那一针，以钩针穿入后一条一条地往上钩起。

④ 补救完成。

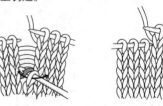

*缝扣子

① 底扣：因为打结易掉落，用由圈中穿过的方法。

② 表扣：留下织片厚度的线长高度。

③ 依线高度卷绕几圈。

④ 由里侧打结，穿过表面，将线剪断。

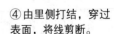

高领连袖斗篷 作品/P4

● **材料**

维尼斯段染毛线 50g×7个

● **工具**

4号30cm环针，4号、5号、6号40cm环针，6号60cm环针

● **密度**

10cm = 22X／28.5R

● **完成尺寸**

下摆衣宽105cm、衣长44cm、后中心量起袖长58cm

花样编

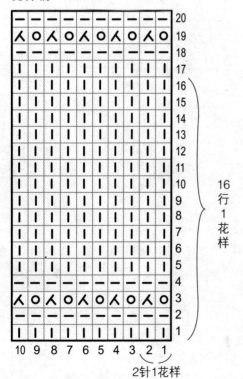

16行1花样

2针1花样

● **操作说明**

1. 以6号60cm环针别色线起针法，如花样编编织。

2. 第17行时（每织3针下针，扭加1针，重复5次，再每织4针下针，扭加1针，重复3次），依此循环加针共重复4次，将原始针数由108针加成140针。

3. 第34行、51行、68行、85行、102行依右下图表加针完成并如花样编编织。

4. 加针完成后继续编织至120行约42cm，如下图分出前片110针、后片110针、袖子左右各40针。

5. 接着连接身片并织一针松紧针的袋编（即先织前片110针，加织别色线起针的4针裆份，接着织后片110针，再织别色线起针的4针裆份，合计228针）。

6. 下摆袋编8行后，以一针松紧针收缝法收缝完成。

7. 袖子以4号30cm环针织原来的40针加裆份4针，共44针，第1行织下针，第2行至26行织一针松紧针，第27、28行织袋编后，以一针松紧针收缝法收缝完成。

8. 领口以4号40cm环针解别色线，挑出108针，第1行织下针，第2行如右上图编织并往返编织，不要圆织，4号针织12行约4cm，改5号针织12行约4cm再改6号针织14行约4.5cm，最后以一针松紧针收缝法收缝完成。

120行完成后 300针的分配

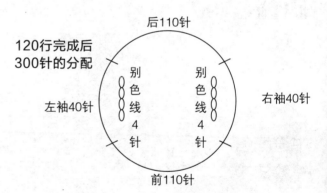

后110针

左袖40针　别色线4针　别色线4针　右袖40针

前110针

袋编（圆织）

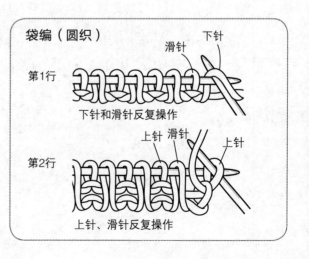

第1行　滑针　下针

下针和滑针反复操作

第2行　上针　滑针　上针

上针、滑针反复操作

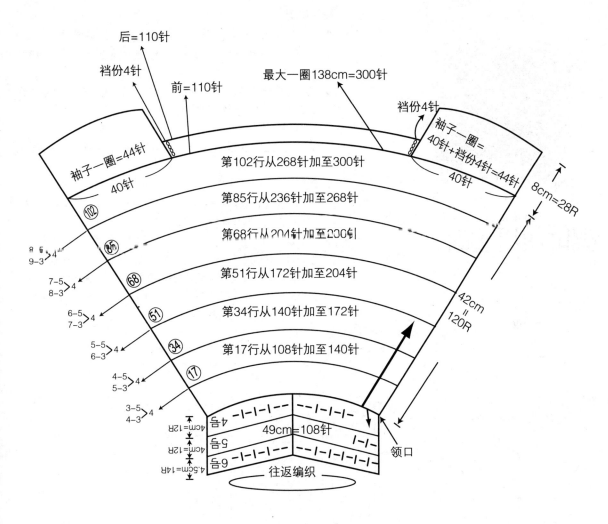

后=110针

最大一圈138cm=300针

裆份4针

前=110针

裆份4针

袖子一圈=
40针+裆份4针=44针

袖子一圈=44针

40针

40针

8cm=28R

第102行从268针加至300针

第85行从236针加至268针

第68行从204针加至236针

第51行从172针加至204针

第34行从140针加至172针

第17行从108针加至140针

42cm
"
120R

8-5
9-3 >4

7-5
8-3 >4

6-5
7-3 >4

5-5
6-3 >4

4-5
5-3 >4

3-5
4-3 >4

4cm=12R 4号
4cm=12R 5号
4.5cm=14R 6号

49cm=108针

往返编织

领口

第102行	8-5 9-3 >4	‖‖‖‖‖‖‖ ℓ ‖‖‖‖‖ ℓ ‖‖‖‖‖ ℓ ‖‖‖‖‖ ℓ ‖‖‖‖‖‖ ℓ ‖‖‖‖‖‖ ℓ ‖‖‖‖‖‖ ℓ ‖‖‖‖‖‖ ℓ	共重复4次
第85行	7-5 8-3 >4	‖‖‖‖‖ ℓ ‖‖‖‖‖ ℓ ‖‖‖‖‖ ℓ ‖‖‖‖‖ ℓ ‖‖‖‖‖ ℓ ‖‖‖‖‖‖ ℓ ‖‖‖‖‖ ℓ ‖‖‖‖‖ ℓ	共重复4次
第68行	6-5 7-3 >4	‖‖‖‖‖ ℓ ‖‖‖‖‖ ℓ ‖‖‖‖ ℓ ‖‖‖‖ ℓ ‖‖‖‖‖ ℓ ‖‖‖‖‖ ℓ ‖‖‖‖ ℓ ‖‖‖‖ ℓ	共重复4次
第51行	5-5 6-3 >4	‖‖‖‖‖ ℓ ‖‖‖‖ ℓ ‖‖‖‖ ℓ ‖‖‖‖ ℓ ‖‖‖‖‖ ℓ ‖‖‖‖ ℓ ‖‖‖‖ ℓ ‖‖‖‖ ℓ	共重复4次
第34行	4-5 5-3 >4	‖‖‖‖ ℓ ‖‖‖‖ ℓ ‖‖‖ ℓ ‖‖‖ ℓ ‖‖‖‖ ℓ ‖‖‖‖ ℓ ‖‖‖‖ ℓ ‖‖‖‖ ℓ	共重复4次
第17行	3-5 4-3 >4	‖‖ ℓ ‖‖ ℓ ‖‖ ℓ ‖‖ ℓ ‖‖ ℓ ‖‖ ℓ ‖‖‖ ℓ ‖‖‖ ℓ ‖‖‖ ℓ	共重复4次

圆形剪接上衣

作品/P6

● **材料**
婴儿蚕丝线50g×3个

● **工具**
4号、6号40cm环针，4号30cm环针，4/0号钩针

● **密度**
10cm = 24X／33R

● **完成尺寸**
衣宽54cm、衣长31cm

● **操作说明**

1. 以6号40cm环针别色线起针112针（每8针1花样共14组）。

2. 如图每8针一等份共编织37行，使其针目成为14组（14×16），共224针。

3. 将针数区分成后片59针并注意中心位置，左袖53针暂停、前片59针暂停、右袖53针暂停。

4. 其中只有后片59针来回编织，前后差6行后连接身片，先织后片的59针再织别色线裆份6针接织前片59针，再接织别色线裆份6针，合计共130针，共织60行约18cm的肋边。

5. 改以4号40cm环针第一行织下针，第2行后改织一针松紧针共18行约4cm后，改以4/0号钩针以每2针钩针引拔后，再钩2针锁针的套收方法，将所有针数套收完成。

6. 领口以4号40cm环针解别色线，挑出112针，第1行织下针，第2行改织一针松紧针8行后，以一针松紧针收缝法收缝完成。

7. 袖口以4号30cm环针前后差位置6行挑5针及解别色线挑出6针，及原来暂停的袖子针数53针，合计共64针，织一针松紧针8行约2.5cm后，以一针松紧针收缝法收缝完成。

起针14组×8＝112针
② 织37行
③ 剪接侧14组×16＝224针

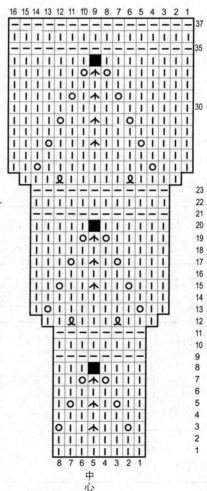

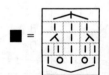

中心

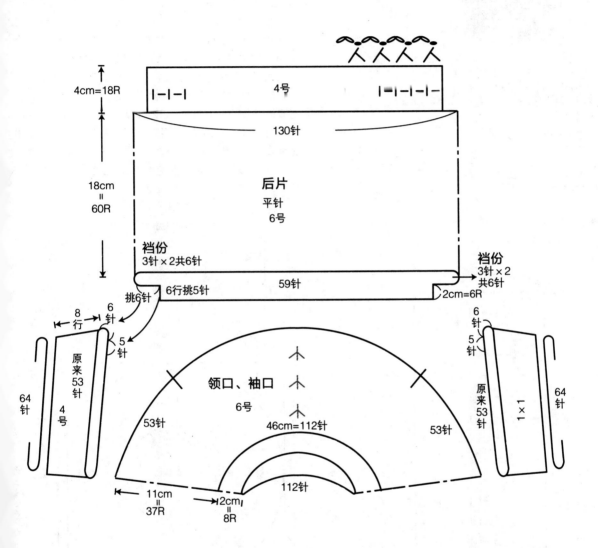

4cm=18R

4号

130针

18cm
=
60R

后片
平针
6号

裆份
3针×2共6针

6行挑5针

59针

裆份
3针×2
共6针

2cm=6R

挑6针

8
行

6
针

5
针

原来
53针

4
号

64
针

6
针

5
针

64
针

领口、袖口

6号

53针

46cm=112针

53针

原来
53针

1×1

112针

11cm
=
37R

2cm
=
8R

圆领短袖毛衣 作品/P7

● 材料
SOHO毛线50g×4个

● 工具
8mm 40cm环针，15号30cm、40cm环针

● 密度
10cm = 13.5X／16.5R

● 完成尺寸
衣宽48cm、衣长28cm

花样编

	行
− − − − − 丨丨丨	14 行
Ɋ − − − − 丨丨丨	13
○ − − − − 丨丨丨	12
− − − − − 丨丨丨	11
Ɋ − − − 丨丨丨	10
○ − − − 丨丨丨	9
− − − − 丨丨丨	8
Ɋ − − 丨丨丨	7
○ − − 丨丨丨	6
− − − 丨丨丨	5
Ɋ − 丨丨丨	4
○ − 丨丨丨	3
− − 丨丨丨	2
丨丨丨丨	1
4 3 2 1	

4针1花样×12组=48针

第14行前后片分配

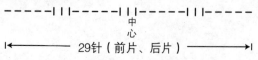

− − − − − 丨丨丨 − − − − 丨丨丨 − − 丨丨丨
中心

← 29针（前片、后片）→

● 操作说明

1. 以8mm40cm环针别色线起48针，每4针放一个记号圈，共分成12组花。

2. 如图花样编织14行（约8cm），此时总针数为8针12组，共96针。

3. 将96针分成后片29针、左袖19针、前片29针、右袖19针，并注意前后片之中心位置。

4. 其中只有后片来回织6行的前后差，左右袖各19针暂停。

5. 连接身片并依3下5上的花样编织，先织后片29针接织别色线起针3针的裆份，再织前片29针，再接织别色线起针3针的裆份后即又环织后片起始处，开始肋边的第2行。

6. 肋边共织20行约12cm改15号40cm环针织二针松紧针6行，最后以二针松紧针收缝法收缝完成。

7. 袖口以15号30cm环针挑出28针（袖子原留下的19针、裆份3针、前后差6行挑6针），织二针松紧针6行后，以二针松紧针收缝法收缝完成。

8. 领口以15号40cm环针解别色线挑出48针，织二针松紧针6行后，以二针松紧针收缝法收缝完成。

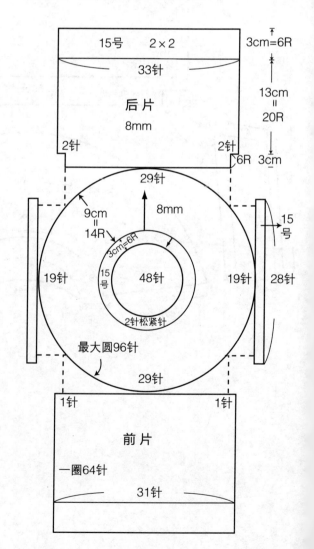

基本圆领开襟外套

作品/P8

● **材料**

皇族美丽诺花线50g×7个、暗扣5组、装饰扣5个

● **工具**

8号、9号、12号棒针，8号22cm环针

● **密度**

10cm = 16X／25R

● **完成尺寸**

衣宽70cm、衣长40cm、袖长33cm

● **操作说明**

1. 以12号棒针别色线起针31针、56针、31针，计118针，如花样A编织50行约20cm后，将118针分成左前片31针、后片56针、右前片31针，分别编织并于指定位置做袖圈减针。

2. 后片从袖圈减针算起34行做后领收针，使左右肩部各剩下11针。

3. 左前片与右前片从袖圈减针算起24行，做前领减针，使其左右肩部剩下14针。

4. 前后片完成后使肩部各剩下14针，并于第88行将14针如图收针成11针。

5. 肩部接缝以中表接缝法接缝完成。

6. 两片袖子以12号棒针别色线起针法起针42针，如花样B编织，及袖子两侧于指定位置做加针（即第9、17、25、33、41）织肋边50行约20cm后做袖山减针，使其针目剩下20针，最后以下针套收针套收完成，肋边以行对行接缝法缝成一筒状。

7. 袖子与身片用钩针引拔接缝法接缝完成。

8. 处理下摆，下摆解别色线，左前挑出31针、后片挑56针，右前片挑31针，第1行以9号棒针织1行下针并将左前片与右前片将31针收针成28针，第2行开始织二针松紧针共14行约5cm，最后以套收针套收完成。

9. 袖口以8号22cm环针解别色线挑出42针后，第1行织下针并将42针减针成36针，织二针松紧针共14行，最后以套收针套收完成。

10. 左前襟与右前襟各挑68针织二针松紧针8行后以套收针套收完成。

11. 领口以8号棒针于左领口挑20针、后领口挑24针、右领口挑20针，共64针，织二针松紧针8行后以套收针套收完成。

12. 衣服完成后于前襟位置内侧平均缝上暗扣，而外侧再缝上装饰扣，此方法可防止扣洞因拉扯而变形。

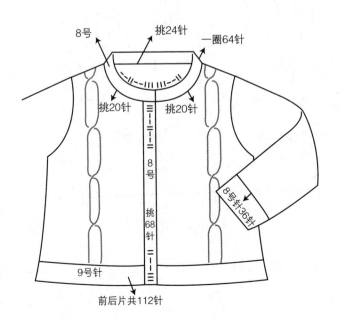

8号　挑24针　一圈64针

挑20针　挑20针

8号

挑68针

8号针36针

9号针

前后片共112针

花样A

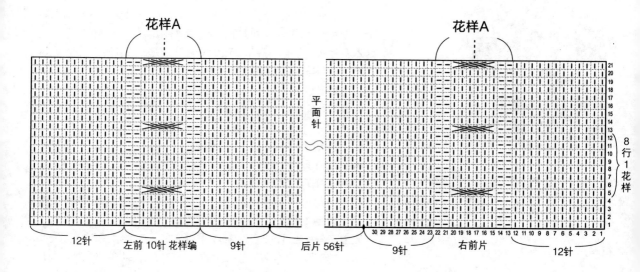

12针　　左前 10针 花样编　　9针　　后片 56针　　9针　　右前片　　12针

平面针

8行1花样

21 20 19 18 17 16 15 14 13 12 11 10 9 8 7 6 5 4 3 2 1

30 29 28 27 26 25 24 23 22 21 20 19 18 17 16 15 14 13 12 11 10 9 8 7 6 5 4 3 2 1

花样B

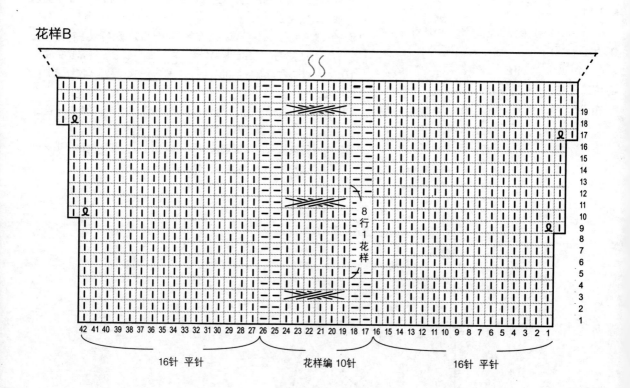

42 41 40 39 38 37 36 35 34 33 32 31 30 29 28 27 26 25 24 23 22 21 20 19 18 17 16 15 14 13 12 11 10 9 8 7 6 5 4 3 2 1

16针 平针　　花样编 10针　　16针 平针

8行1花样

19 18 17 16 15 14 13 12 11 10 9 8 7 6 5 4 3 2 1

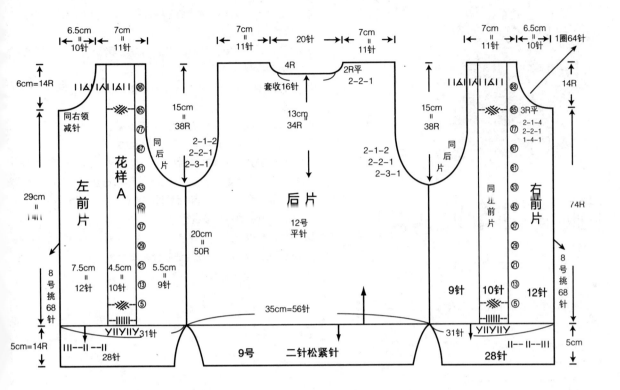

左前片

花样A

同右领减针

6cm=14R

6.5cm = 10针
7cm = 11针

29cm = 71针

8号挑68针

5cm=14R

7.5cm = 12针
4.5cm = 10针
5.5cm = 9针

31针
28针

20cm = 50R

15cm = 38R

同后片

后片

12号平针

7cm = 11针
20针
7cm = 11针

套收16针
4R
2R平
2-2-1

13cm = 34R

2-1-2
2-2-1
2-3-1

2-1-2
2-2-1
2-3-1

35cm=56针

9号 二针松紧针

同左前片

15cm = 38R

9针
10针
12针

右前片

7cm = 11针
6.5cm = 10针
1圈64针

14R

3R平
2-1-4
2-2-1
1-4-1

74R

8号挑68针

5cm

31针
28针

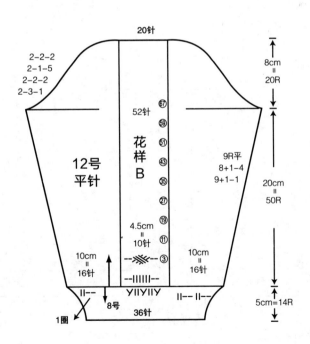

20针

2-2-2
2-1-5
2-2-2
2-3-1

8cm = 20R

52针

12号平针

花样B

9R平
8+1-4
9+1-1

20cm = 50R

4.5cm = 10针

10cm = 16针
10cm = 16针

5cm=14R

8号
36针

1圈

圆领传统背心 作品/P10

● **材料**

翡翠美丽诺花羊毛线50g×4个

● **工具**

2号、3号40cm环针，5号棒针

● **密度**

10cm = 26X、32.5R

● **完成尺寸**

衣宽70cm、衣长37.5cm

● 操作说明

1. 前后片分别以5号棒针别色线起针91针，织平面针62行约19cm，做袖弯减针。

2. 后片从袖弯减针开始算起48行后做后领减针共4行，使其左右肩部各剩下18针。

3. 前片从袖弯减针开始算起26行后做前领减针，共26行，使其肩部各剩下18针。

4. 左右肩部以中表接缝法将其接合完成。

5. 以缝针将两肋边用行与行接缝法接缝完成。

6. 下摆以3号40cm环针解别色线后第1行织下针，第2行改织一针松紧针，共织10行后以一针松紧针收缝法收缝完成。

7. 袖圈以2号40cm环针前后共挑84针，织一针松紧针8行后以一针松紧针收缝法收缝完成。

8. 圆领部分以2号40cm环针如图共挑104针，织一针松紧针共8行后以一针松紧针收缝法收缝完成。

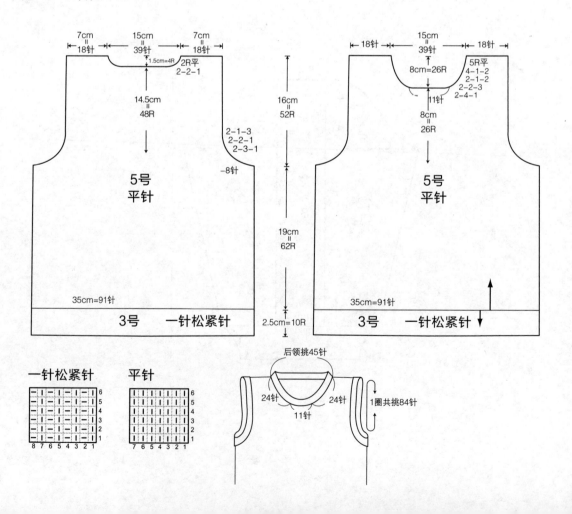

V领传统背心 作品/P11

● 材料
翡翠美丽诺花毛线50g×4个

● 工具
2号、3号40cm环针，5号棒针

● 密度
10cm = 26X／32.5R

● 完成尺寸
衣宽70cm、衣长37.5cm

● 操作说明

1. 前后片分别以5号棒针别色线起针91针，织平针62行约19cm后做袖弯减针。

2. 后片从袖弯减针开始算起48行后做后领减针共4行，使其左右肩部剩下20针。

3. 前片在做袖弯的同时也做V领减针共52行后，使其肩部剩下20针。

4. 左右肩部以中表接缝法将其接合完成。

5. 以缝针将两肋边用行与行接缝法接缝完成。

6. 下摆以3号40cm环针解别色线后，第1行织下针，第2行改织一针松紧针共织10行后以一针松紧针收缝法收缝完成。

7. 袖圆以2号40cm环针前后共挑84针织一针松紧针8行后以一针松紧针收缝法收缝完成。

8. V领部分以2号40cm环针如图共挑146针，织一针松紧针并如图每行在中心处做中上三并针共9行，最后以一针松紧针收缝法收缝完成。

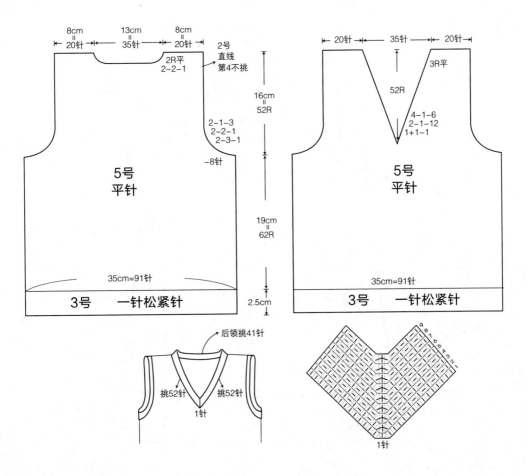

曲线造型小洋装

作品/P14

● **材料**

经典金葱美丽诺毛线50g×4个

● **工具**

7号、6号60cm环针，4号40cm环针

● **密度**

平针10cm＝21X／28R

● **完成尺寸**

下摆衣宽88cm、衣长45cm

● **操作说明**

1. 以7号60cm环针别色线起针后片92针、前片100针，合计192针，并以记号圈分隔出前后片。

2. 前片如花样编织，后片织平面针，织肋边54行约20cm，并于第5、10、15、20、25、30、35、40、45、50针于记号圈两侧做并针。

3. 肋边完成后，前后片则分别编织，后片做袖圈减针后织38行（约13cm），做后领口减针，使肩部剩下10针。

4. 前片则从袖弯减针起织14行做前领减针，使肩部针数剩下10针。

5. 肩部接缝以中表接缝法接缝完成。

6. 下摆以6号60cm环针解别色线挑出192针，第1行织下针并平均加针成220针（即每6针加1针4次，每7针加1针24次），织二针松紧针32行，最后以套收针套收完成。

7. 袖圈以4号40cm环针前后共挑72针，织二针松紧针6行约2cm后以套收针套收完成。

8. 领口以4号40cm环针后领挑34针、前领挑58针，合计92针，织二针松紧针6行约2cm，最后以套收针套收完成。

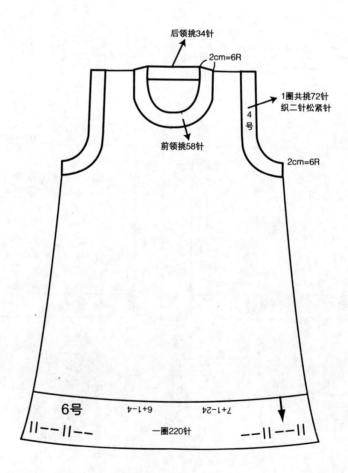

后领挑34针

2cm=6R

1圈共挑72针
织二针松紧针

4号

前领挑58针

2cm=6R

6号

6+1-24

7+1-24

一圈220针

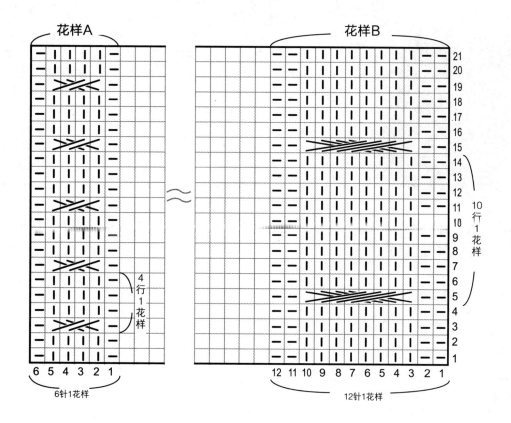

花样A

花样B

4行1花样

6针1花样

10行1花样

12针1花样

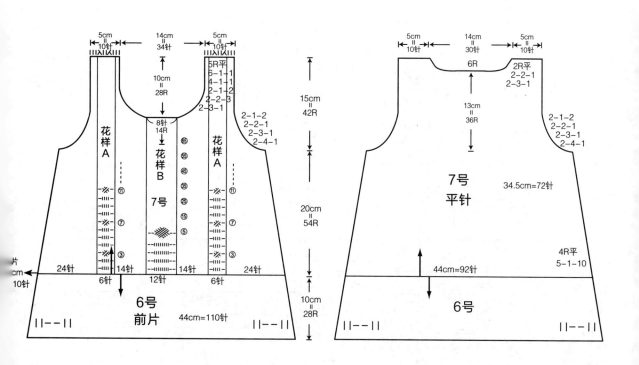

5cm
10针

14cm
34针

5cm
10针

5R平
6-1-1
4-1-1
2-1-2
2-2-3
2-3-1

10cm
28R

8针
14R

2-1-1
2-2-1
2-3-1
2-4-1

15cm
42R

花样A

花样B

7号

花样A

20cm
54R

片
cm
10针

24针

6针

14针

12针

14针

6针

24针

10cm
28R

6号
前片

44cm=110针

5cm
10针

14cm
30针

5cm
10针

6R

2R平
2-2-1
2-3-1

13cm
36R

2-1-2
2-2-1
2-3-1
2-4-1

7号
平针

34.5cm=72针

15cm
42R

44cm=92针

4R平
5-1-10

6号

81

直线背心 作品/P12

- ● **材料**
  - 澳洲纯羊毛花线100g×2个
- ● **工具**
  - 8mm棒针，15号40cm环针
- ● **密度**
  - 花样B 10cm＝11X／20R
- ● **完成尺寸**
  - 衣宽56cm、衣长31cm

● **操作说明**

1. 前后片分别以8mm棒针，别色线起针32针。

2. 前片依花样A织30行（约15cm），前领分左右于第1、3、5、7、11、15、19行在麻花内侧做减针，最后再织5行平；袖口依花样织24行（麻花于第3、7、11、15、19、23行织），最后左右肩部各剩10针。

3. 后片依花样B织30行（约15cm），袖口如做法2织法，在第21行做后领围减针，最后左右肩部各剩10针。

4. 两肋边30行做肋边缝合，前后片左右肩部做中表缝法接合。

5. 下摆拆别色线，以15号40cm环针第1行织下针、第2行织一针松紧针共6行，最后以一针松紧针收缝即完成。

6. 袖圈及领口以麻花直接做缘边，无须再挑针处理。

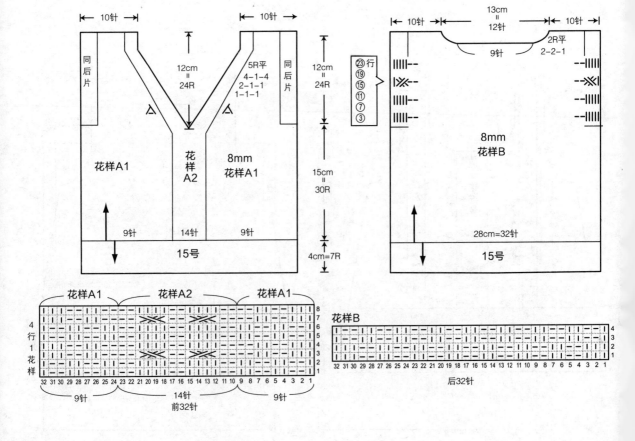

82

V领配色直线背心 作品/P13

● 材料
羊毛线50g白色×2个、黄色×1个、蓝色×1个

● 工具
6号、8号棒针，5号40cm环针

● 密度
10cm = 20X／26R

● 完成尺寸
衣宽74cm、衣长35.5cm

● 操作说明

1. 以6号棒针本色线起针法，前后片各起针74针后织起伏针10行约2.5cm，接着以8号针如配色分置图编织肋边42行约16cm。

2. 后片于肋边完成42行后，前5针与后5针改织起伏针为袖口后并于左右两肋边各减1针使其针数合计为72针，其余织平针，共织40行后做后领减针，使其肩部剩下21针。

3. 前片于肋边42行完成后将中心针以小别针暂停不织，而左前片与右前片的袖圈各5针改织起伏针，中心位置第一行做加1针一次后，平均于指定位置做前领减针，左右共减16次后使其左右肩部各剩下21针。

4. 肩部以平织对行收缝法收缝完成。

5. 两肋边以行对行接缝法接缝完成。

6. 领口以5号40cm如图共挑108针，织一针松紧针7行，并于指定行数做配色，最后以一针松紧针收缝法收缝完成。

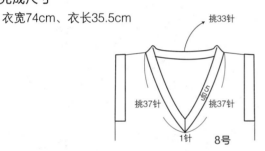

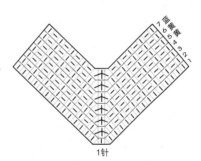

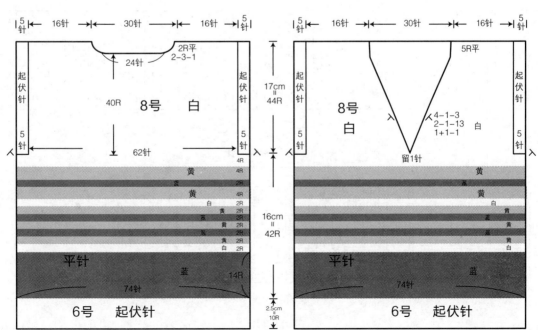

基本V领开襟背心 作品/P19

- **材料**

  日本钻石DTM段染毛线40g×3个、暗扣3组、装饰扣3个

- **工具**

  6号棒针，4号40cm、80cm环针

- **密度**

  10cm = 24X／32R

- **完成尺寸**

  衣宽60cm、衣长31cm

●操作说明

1. 后片以6号棒针别色线起针74针，如花样编编织48行，袖圈部分如图于指定位置做袖弯减针，袖圈共织38行后做后领减针使其肩膀各留17针。

2. 左前片以6号棒针别色线起针38针，如花样编编织48行，在袖圈及前领同时做减针，共编织42行，肩部剩下17针。

3. 肩部用中表接缝法接合完成。

4. 下摆拆别色线用4号80cm环针织后片74针、右前片38针、接着挑左前片前襟37针、右前领下33针、后领30针、右前领下33针、右前襟37针、右前片38针，共320针，织起伏针6行并如图于下摆转角位置加针编织，使其针数由320针两侧各加4针，使其针数成为328针，最后以下针套收完成。

5. 两袖圈以4号40cm环针前后共挑70针，后织起伏针共6行约2cm，最后以下针套收针套收完成。

6. 衣服完成后于前襟位置内侧平均缝上暗扣，再于外侧缝上装饰扣。

花样编

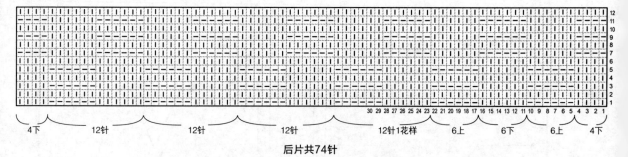

后片共74针

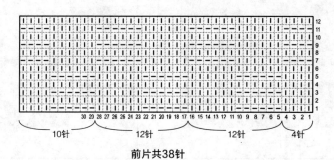

前片共38针

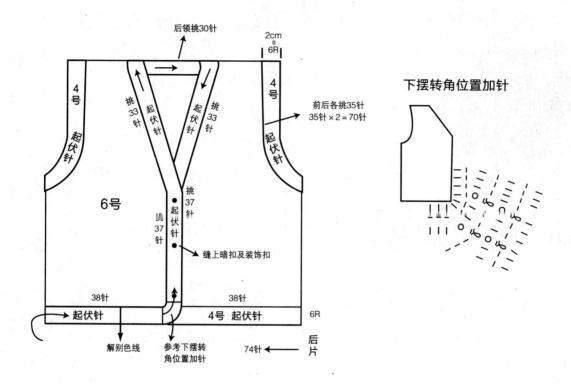

下摆转角位置加针

后领挑30针

2cm = 6R

4号 起伏针

挑33针

起伏针

起伏针

挑33针

4号 起伏针

前后各挑35针
35针×2=70针

6号

挑37针

起伏针

挑37针

缝上暗扣及装饰扣

38针

38针

起伏针

4号 起伏针

6R

解别色线

参考下摆转角位置加针

74针 ← 后片

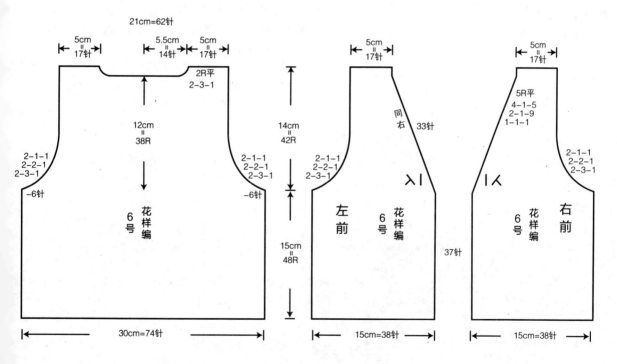

21cm=62针

5cm = 17针   5.5cm = 14针   5cm = 17针

2R平
2-3-1

12cm = 38R

14cm = 42R

2-1-1
2-2-1
2-3-1

2-1-1
2-2-1
2-3-1

-6针

-6针

15cm = 48R

6号 花样编

30cm=74针

5cm = 17针

同右   33针

2-1-1
2-2-1
2-3-1

左前   6号 花样编

37针

15cm=38针

5cm = 17针

5R平
4-1-5
2-1-9
1-1-1

2-1-1
2-2-1
2-3-1

6号 花样编   右前

15cm=38针

领口往下织圆领毛衣
作品/P16

● **材料**
乡村段染毛线100g×2个

● **工具**
15号、8mm、10mm40cm环针，15号22cm环针

● **密度**
10cm = 10X／13R

● **完成尺寸**
衣宽54cm、衣长34cm

插肩线编织法

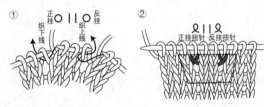

● **操作说明**

1. 以8mm40cm环针别色线起针44针，如图编织。

2. 第1行织1针下针放一记号圈，织后片11针放一记号圈、织2针放一记号圈，再织左袖7针放一记号圈、织2针放一记号圈，再织前片11针放一记号圈、织2针放一记号圈，接着织右袖7针放一记号圈，最后再织1针共44针，接圆环织（需留意顺向不要扭到）。

3. 第2行开始前后片为平针而左右袖为一针松紧针。

4. 第3行开始做1针加针1次，而后每2行加1针5次（第5、7、9、11、13行），插肩线加针于记号圈的左侧做正挂，右侧做反挂；偶数行于正挂针处做正挂扭针，而反挂针处做反挂扭针。

5. 插肩线加针完成后，属于前片、袖子之针数暂停。

6. 先织后片4行之前后差（原先11针、加针12针、左右插肩线2针，合计25针）。

7. 第5行连接身片，先织后片25针，再织别色线做出2针的档份，织前片25针，再织别色线做出2针的档份，并于2针的中间放一个记号圈（此记号圈为起始处）接着连接前后片的针目即是肋边的第6行了，身片针数一圈共54针。

8. 肋边织24行（约18cm），改15号40cm环针第1行织下针后改织一针松紧针6行约3cm，最后以一针松紧针收缝。

9. 袖口以15号22cm环针直接编织一针松紧针4行，最后以一针松紧针收缝。（原先19针、左右插肩线2针、档份2针、前后差4行挑3针，计26针）

10. 领口以15号40cm环针第1行织下针，第2、3行织一针松紧针，接着改以10mm40cm环针织平针6行（即全织下针），最后以下针套收针套收完成。

袖口：

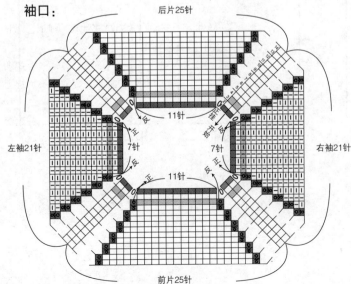

后片25针

左袖21针

右袖21针

11针

7针 7针

11针

前片25针

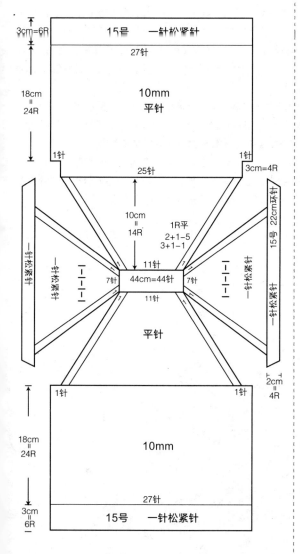

束口保暖帽 作品/P18

●材料
段染羊毛线50g×2个

●工具
10号、12号40cm环针，
12号22cm环针，12号棒针

●密度
10cm = 16X／22R

●完成尺寸
帽宽42cm、帽深29cm

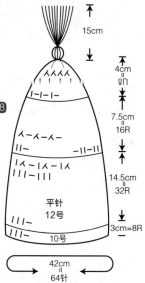

●操作说明

1. 以10号40cm环针本色线起针64针，如花样编织3下1上为1组花样共16组（64针÷4针），织8行约3cm。

2. 改12号40cm环针继续编织31行约14cm，并于第32行如图并针，将3下1上减针成2下1上，此时针数变成48针（3针×16组）。

3. 改12号22cm环针继续编织2下1上共16组花样织15行约7.5cm，并于第16行将2下1上如图减针成1下1上，此时针数变成32针（2针×16组）。

4. 继续编织1下1上共32针7行，并于第8行将1下1上如图每2针织在左上二并针，将针数由32针减成16针，挂上流苏。

5. 剪30cm长流苏24条，每2针挂3条对折的流苏，分配给最后的16针。

6. 最后以现成松紧带饰品装饰。

左图标注

3cm=6R
15号　一针松紧针
27针

18cm=24R
10mm
平针

1针　1针
25针
3cm=4R

10cm=14R
1R平
2+1-5
3+1-1
11针
44cm=44针
7针　7针
11针
平针

18cm=24R
1针　1针

15号 22cm环针
一针松紧针
2cm=4R

18cm=24R
10mm

27针
3cm=6R
15号　一针松紧针

右图标注

15cm
4cm=8R
7.5cm=16R
14.5cm=32R
平针 12号
10号
3cm=8R
42cm=64针

领口往下织V领毛衣

作品/P17

● **材料**

得恩段染毛线50g×3个

● **工具**

10号、13号40cm环针，10号22cm环针

● **密度**

10cm＝15X／24R

● **完成尺寸**

衣宽59cm、衣长29cm

● **操作说明**

1. 以13号40cm环针本色线起针48针（如图解织左前片2针，放一记号圈，插肩线2针放一记号圈，左袖8针放一记号圈，插肩线2针放一记号圈，后片20针放一记号圈，插肩线2针放一记号圈，右袖8针放一记号圈，插肩线2针放一记号圈，最后织右前片2针，合计48针）。

2. 如编织图编织20行约8.5cm，将袖子各26针与左右各1针的插肩线针目，合计28针，以别针穿起暂停，并将线剪断移至后片位置，织后片38针及左右各1针的插肩线针数共40针，来回织4行平针。

3. 连接身片，织后片40针、别色线起针裆份4针、左前片20针、右前片20针、别色线起针裆份4针，合计88针，织肋长36行约15cm，换10号40cm环针第1行织下针、第2行至第10行织扭针的一针松紧针，最后以一针松紧针收缝法收缝完成。

4. 袖口以10号22cm环针挑起暂停的26针、前后差4行挑4针、裆份解别色线挑起的4针，合计34针，织扭针的一针松紧针共8行，最后以一针松紧针收缝法收缝完成。

5. 领口以10号40cm环针，挑起本色线起针的48针、左右前领各挑19针及中心挑出1针，合计87针，将之调整成86针如图编织6行，最后以一针松紧针收缝法收缝完成。

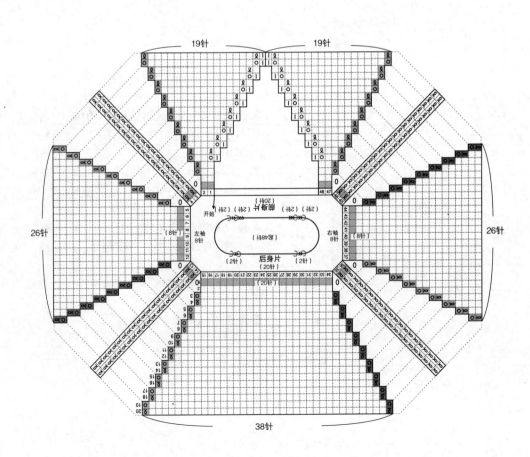

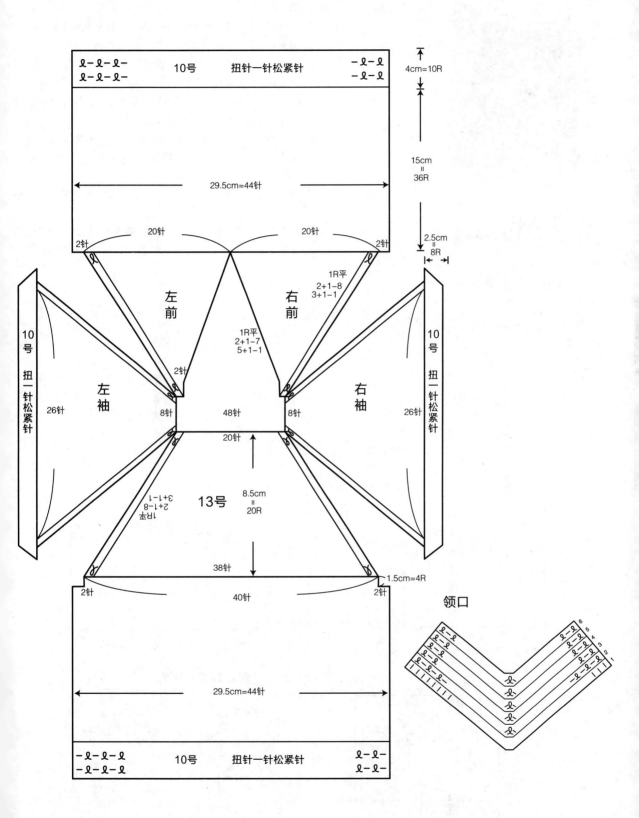

ℓ－ℓ－ℓ－　　　　10号　　扭针一针松紧针　　　　－ℓ－ℓ
ℓ－ℓ－ℓ－　　　　　　　　　　　　　　　　　　　　－ℓ－ℓ

4cm=10R

29.5cm=44针

15cm
＝
36R

20针　　　　　　　　　　20针

2针　　　　　　　　　　　　　　　　　　　2针

2.5cm
＝
8R

1R平
2+1-8
3+1-1

左前　　　右前

10号　扭一针松紧针

10号　扭一针松紧针

1R平
2+1-7
5+1-1

2针

左袖　26针

右袖　26针

8针　　48针　　8针

20针

13号

8.5cm
＝
20R

1R平
2+1-8
3+1-1

38针

40针

1.5cm=4R

2针　　　　　　　　　　　　　　　　　　2针

29.5cm=44针

领口

－ℓ－ℓ－ℓ　　　　10号　　扭针一针松紧针　　　　ℓ－ℓ－
－ℓ－ℓ－ℓ　　　　　　　　　　　　　　　　　　　　ℓ－ℓ－

包袖背心 作品/P20

● **材料**

东风粗细变化线100g×2个

● **工具**

8mm、15号40cm环针，10/0号钩针

● **密度**

10cm = 10.5X／18R

● **完成尺寸**

衣宽68cm、衣长36cm

● **操作说明**

1. 以8mm40cm环针本色线1针加织成多针起针法起针70针，圆织40行约22cm。

2. 将70针分成前后片各35针，其前片袖圈减针左右如图各减4针使其减针后针数剩下27针，剪线暂停。

3. 后片的35针亦依袖圈减针左右各减4针，使其针数剩下27针，接着来回织前后差4行约3cm。

4. 连接圆形剪接侧，即织后片27针，加织左袖本色线起针17针，接织前片27针后再接织右袖本色线起针17针，合计一圈共88针。

5. 如图花样编共编织12行约7cm后，使其针目剩下44针，最后以一针松紧针套收法套收完成。

6. 完成与修饰：袖口以10/0号钩针一圈挑钩32针短针1行即完成；下摆处以10/0号钩针一圈挑钩70针短针1行即完成。

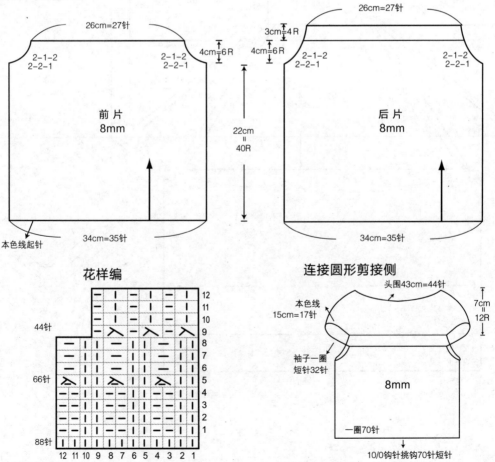

花样编

连接圆形剪接侧

90

插肩长袖毛衣 作品/P23

● 材料
翡翠美丽诺50g×5个

● 工具
3、4、5号40cm环针，4号30cm环针，3号22cm环针

● 密度
10cm＝25X／34R

● 完成尺寸
衣宽66cm、衣长34cm、袖长34cm

● 操作说明

1. 以5号40cm环针别色线起针100针，接本色开始编织第1行，先织1针下针放一记号圈，织后片28针放一记号圈，织2针下针放一记号圈，再织左袖18针下针放一记号圈、织2针放一记号圈，再织前片28针放一记号圈、织2针放一记号圈，再织右袖18针放一记号圈、织1针放一记号圈即完成第1行。

2. 第2行前后片维持平针，而左右袖开始编织二针松紧针，而记号圈内的2针为扭下针。

3. 第3行以后开始插肩加针，于奇数行插肩线左右挂针，而偶数行将挂针织成扭针，共44行约13cm，完成剪接肩部份，前片针数70针及左右插肩线各1针共72针，及左右袖部分先暂停。

4. 前后差部分：只有后片的70针及左右各1针插肩线共72针织前后差6行约2cm。

5. 连接身片：以5号40cm环针织后片72针、别色线裆份10针、前片72针，再加别色线裆份10针（并于此裆分的左右各5针中心放一记号圈，为每行之起始），此时针数共164针。

6. 肋边第2行改以4号40cm环针织二针松紧针共66行约19cm，最后以下织下针、上织上针套收完成。

7. 袖子部分将暂停的60针及左右插肩线2针、加解别色线的10针加前后差的6行挑6针，共78针，以4号30cm环针维持织二针松紧针，并于指定位置做袖肋减针。

8. 袖肋减针74行，左右共收42针（21×2），于67行使其针数收针成36针后改以3号22cm环针再织7行共74行后以下针织下针套收，上针织上针套收，将所有针目套收完成。

9. 领口解别色线，以5号40cm环针织平面针共14行约4cm，最后以下针套收针目套收完成。

平针

			5
			4
			3
			2
			1

二针松紧针

							5
							4
							3
							2
							1
8	7	6	5	4	3	2	1

82针
4号 二针松紧针
后片

19cm＝66R

5针 72针 5针
70针
2cm=6R

1R平
2+1-20
3+1-1
13cm＝44R

78平
4-1-4
3-1-17

28针

44cm=100针

36针 4号 二针松紧针 3号
5号 左袖 18针
5号 平针

5号 右袖 18针
60针

4号 二针松紧针 3号
36针/7R

78平
4-1-4
3-1-17

22cm＝74R

5号 平针
70针
72针
5针 5针

前片
4号 二针松紧针
82针

直线翻领开襟背心 作品／P22

● **材料**

日本钻石PM段染毛线40g×3个、暗扣3组、
装饰扣3个

● **工具**

6号、8号、10号40cm环针，10号60cm环针

● **密度**

10cm = 22X／32R

● **完成尺寸**

衣宽54cm、衣长32cm

● **操作说明**

1. 以10号60cm环针本色线起针，右前片5针起伏针前襟加28针、加后片60针、加左前片28针、加前襟5针起伏针，共126针。

2. 织肋边48行约15cm后，于两肋边左右各8针共16针改织起伏针6行，即完成肋边编织。

3. 将右前片及后片及左前片分开一片片如图编织，编织至完成。

4. 肩部以中表接缝法接缝完成。

5. 翻领部分以6号40cm环针右前领挑20针、后领挑28针、左前领挑20针共68针，织起伏针12行，后改8号40cm环针织14行起伏针，再改以10号40cm环针织14行起伏针，最后以上针套收针套收完成。

6. 完成后于前襟平均缝上暗扣及装饰扣。

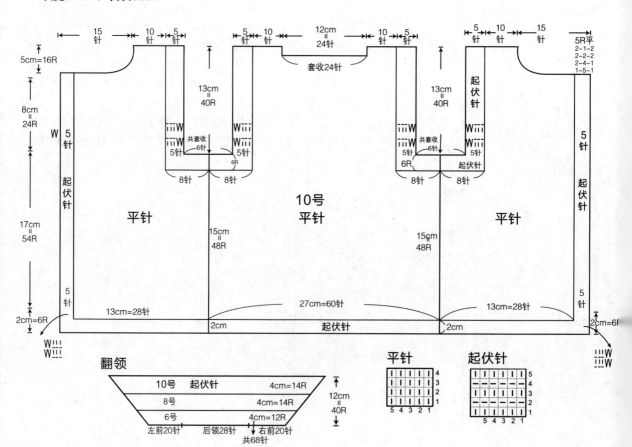

92

领口花边套头毛衣

作品/P24

● 材料
阿卡波特段染线50g×3个

● 工具
9、12号40cm环针，8号30cm、40cm环针

● 密度
平针10cm = 17X／24R

● 完成尺寸
衣宽64cm、衣长35cm

● 操作说明

1. 以12号40cm环针别色线起针法起针84针，并以记号圈每6针为一花样共分成14组花样。

2. 依花样编编织23行并使针数由每6针一花样增加成每12针一花样，则剪接侧共有168针（12针×14组）。

3. 将168针分成前后片各48针，并注意中心花样位置，左右袖则各36针暂停。

4. 其中后片织前后差共6行约2.5cm。

5. 连接身片：先织后片48针、裆份6针、前片48针、裆份6针，合计108针，织肋长40行约16.5cm。

6. 下摆改以9号40cm环针，织下摆花样编共11行，最后以一针松紧针收缝法收缝完成。

7. 袖口将暂停的36针、前后差6行挑4针、裆份解别色线挑出6针，合计共46针，以8号30cm环针织一针松紧针4行后以一针松紧针收缝法收缝完成。

8. 领口以8号40cm环针解别色线挑出84针，第1行织下针并每7针并1针，使原来84针收针成72针，织一针松紧针6行约2cm，最后以一针松紧针收缝法收缝完成。

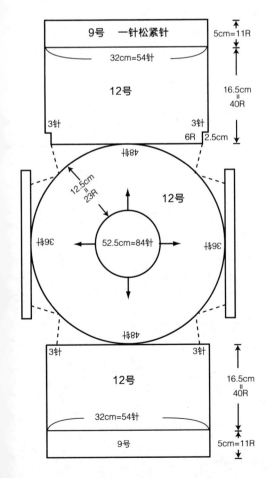

花样编

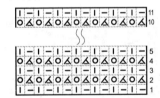

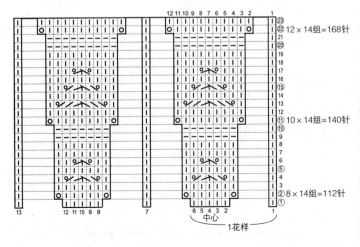

口袋翻领背心 作品/P26

● **材料**

飞尔达粗毛线50g×4个

● **工具**

12、13、14、15号40cm环针，15号棒针

● **密度**

10cm = 15X／20R

● **完成尺寸**

衣宽64cm、衣长35cm

● **操作说明**

1. 后片以15号棒针别色线起针48针织平针34行约17cm，如图袖圈左右各减2针后，左右袖圈前4针及后4针维持织起伏针，并于内侧如图做袖圈减针。

2. 如图从袖圈算起共织26行后，做后领减针，后片即完成。左右肩部各剩9针，暂停。

3. 前片以15号棒针别色线起针48针，先织10行约5cm后，先织9针后暂停，换织别色线30针（以别色线代替毛线织），织完再挑回左棒针接刚暂停的毛线继续织30针及最后的9针继续连开始的10行再织20行共30行暂停。

4. 先解别色线的上面30针，往下织内袋及下面的30针往上织外袋并于外袋的袋口左右各4针编织起伏针并于第3、7、11、15、19行于左右起伏针的内侧做减针，使其袋口呈斜状，织至第20行口袋即完成，剩下活针20针。

5. 接做法3继续织第31行14针后，将身片的第15~34针及外袋剩余的20针合并重叠编织后再织剩下的14针，接着又编织至34行后如图前后片做袖圈减针。

6. 从袖圈减针开始算起织14行，第15行做圆领减针，最后肩部各剩下9针。

7. 肩部以中表接缝法接缝完成。

8. 肋边以行对行的接缝法缝合完成。

9. 下摆解别色线以13号40cm环针织10行约3cm的起伏针，最后以上针套收针套收完成。

10. 领子以12号40cm环针，如图先挑72针，织起伏针5行换13号织5行，换14号织5行，再换15号织5行，最后以上针套收针套收完成。

后片挑28针

左前片连重叠
共挑22针

起伏针

15号 5R
14号 5R
13号 5R
12号 5R

右前片连重叠
共挑22针

8cm
II
20R

重叠挑4针

起伏针

起伏针

起伏针

起伏针

4针

4针

13号　起伏针

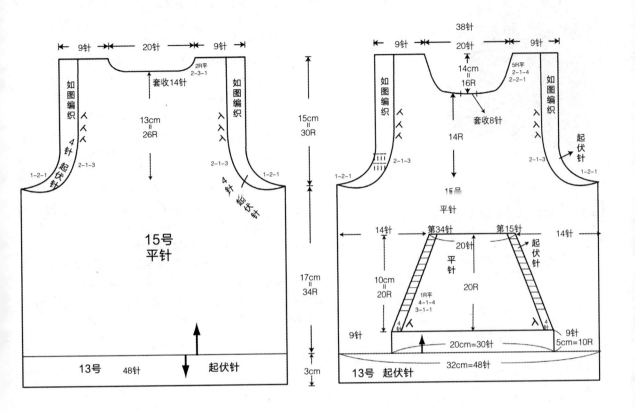

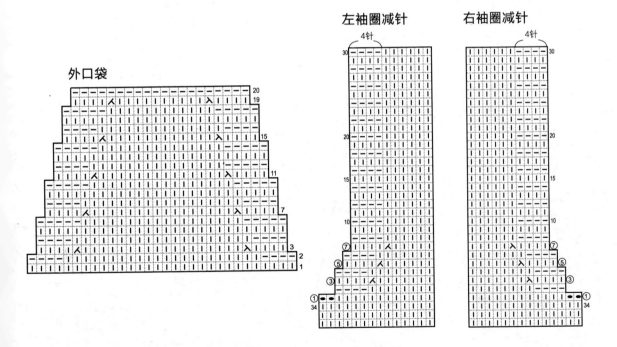

外口袋

左袖圈减针　　右袖圈减针

波浪蓬裙 作品／P26

- **材料**
  婴儿棉棉线橘色50g×3个、白色50g×1个、2.5cm宽松紧带
- **工具**
  3号、4号、8号40cm环针，4号、8号60cm环针，5/0号钩针
- **密度**
  10cm＝21X／26R
- **完成尺寸**
  裙摆宽106cm、裙长31cm

●操作说明

1. 以8号60cm环针本色线起针法起针224针（28朵花×8针），先织起伏针4行，后改织花样编84行，并于指定位置加针。

2. 于第29行时每织1、2、3、4、5、6、7、8、9、10、11、12、13、14，将14针减针成13针，总针数减成208针（13×16）（即第13与第14针做左上二并针）。

3. 于第43行时每织1、2、3、4、5、6、7、8、9、10、11、12、13，将13针减针成12针，总针数即192针（12×16）。

4. 于第57行时每织1、2、3、4、5、6、7、8、9、10、11、12，将12针减针成11针，总针数即176针（11×16）。

5. 于第71行时每织1、2、3、4、5、6、7、8、9、10、11，将11针减针成10针，总针数即160针（10×16）。

6. 继续编织至84行后改4号60cm环针织第1行时，每织20针减1针共8次，总针数即152针（19×8）。

7. 裙头共编21行，最后以下针套针套收全部针目。

8. 将裙头内折，以卷针缝固定于裙头第1行，并将41cm的松紧带重叠1cm先固定成40cm，包在内折的裙头内一起固定。

9. 最后以5/0号钩针，用白色的线如图钩3锁针1短针的花边在空洞花上面（于第3行、17行、31行、45行、59行、73行）。

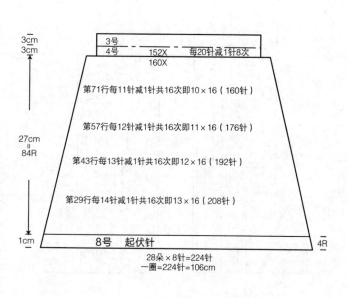

花样编

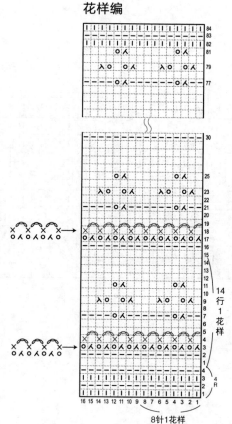

连帽围巾 作品/P31

● **材料**

婴儿棉棉线绿色40g×2个、黄色40g×1个

● **工具**

6号、7号、8号40cm环针，7号22cm环针

● **密度**

10cm = 21X／32R

● **完成尺寸**

帽宽42cm、帽深&围巾110cm

● **操作说明**

1. 以8号40cm环针本色线起针88针，织平针20行约6cm。

2. 改以6号40cm环针织二针松紧针10行约3cm。

3. 改以7号40cm环针继续织二针松紧针47行约15cm，第48行如图编织将2下2上减针成2下1上。

4. 改以7号22cm环针织2下1上17行（6行黄、6行绿、5行黄）第18行织黄色并将2下1上减针成1下1上。

5. 第19行又将44针的1下1上减针成22针的平针继续编织22针的平面织，并依6行绿、6行黄配色共织258行。

6. 最后以缝针将22针一一穿起束紧，最后装饰现成饰品或是制作毛球装饰即可。

裙头

	21
	20
	19
	18
	15
	14
	13
	12
	11
	10
	9
	8
	7
	6
	5
	4
	3
	2
	1

7 6 5 4 3 2 1

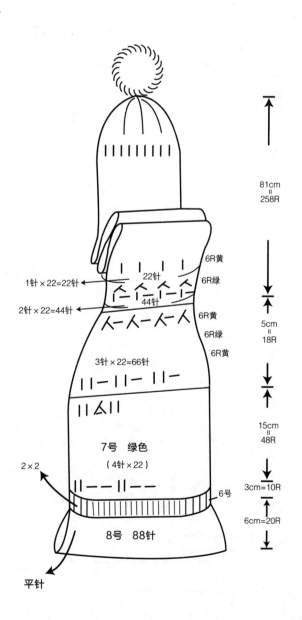

81cm ＝ 258R

6R黄
6R绿

1针×22=22针
22针
44针

2针×22=44针

6R黄
6R绿
6R黄

5cm ＝ 18R

3针×22=66针

15cm ＝ 48R

7号 绿色
（4针×22）

2×2

3cm=10R

6号

6cm=20R

8号 88针

平针

丝瓜领翻领背心 作品/P28

● **材料**
纽薇拉段染毛线50g×4个、暗扣3组、装饰扣3个

● **工具**
12号40cm环针，15号棒针

● **密度**
平面针10cm = 13X／20R

● **完成尺寸**
衣宽66cm、衣长34cm

● **操作说明**

1. 以15号棒针本色线起针法起针右前片4针的起伏针加23针共27针，及后片42针，及左前片23针加4针起伏针，共96针。

2. 织下摆10行约4cm后再织肋边长度34行约17cm。

3. 将右前、后片及左前片，一片片分开织并做袖圈减针。

4. 后片从袖圈减针算起共织28行（约14.5cm）左右前片于袖圈减针完于第7行开始做前领减针，使肩部剩下11针。

5. 将前后片的肩部以中表接缝法接缝完成，其中前片有麻花，所以有两处必须以前片2针套后片1针。

6. 后片后领留下16针的活针，继续以15号棒针改织起伏针，并于两侧做加针，如图加针至一片共32针，最后以上针套收针套收完成。

7. 另外以15号棒针如图以本色线起针3针后如图左右加针至19针，接着织13行不加减针共46行，留下活针19针，共织2片，此为丝瓜翻领。

8. 最后以针对行的接缝法，将丝瓜翻领部分与后领延伸的32行做接缝。

9. 袖圈如图以12号40cm环针前后共挑48针织起伏针6行，最后以上针套收针套收完成。

10. 完成后于前襟平均缝上暗扣及装饰扣。

领子：2片

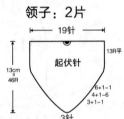

19针

起伏针

13cm ‖ 46R

13R平

6+1-1
4+1-6
3+1-1

3针

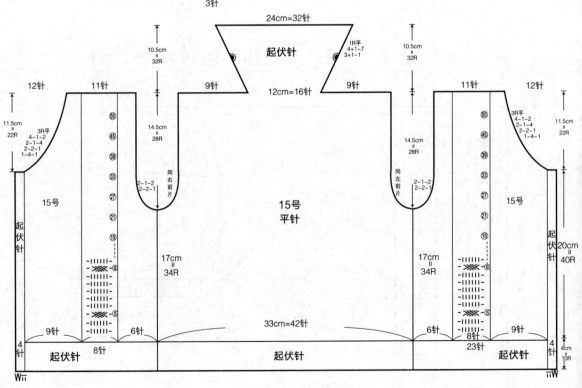

短套头披肩 作品/P37

● 操作说明

1. 以10mm棒针别色线起针40针，织起伏针28行。

2. 改以8mm40cm环针将40针圆织第1行织下针，第2行织一针松紧针共10行。

3. 再改以10mm40cm环针再圆织10行一针松紧针。

4. 最后以一针松紧针收缝法收缝完成。

5. 起针处解别色线，以10/0号钩针钩2锁针1引拔，将所有针目套收。

● **材料**

　混纺毛线100g×1个

● **工具**

　10mm棒针，8mm、10mm40cm环针，10/0号钩针

● **密度**

　10cm = 10X／17.5R

● **完成尺寸**

　下摆65cm、上领40cm、长29cm

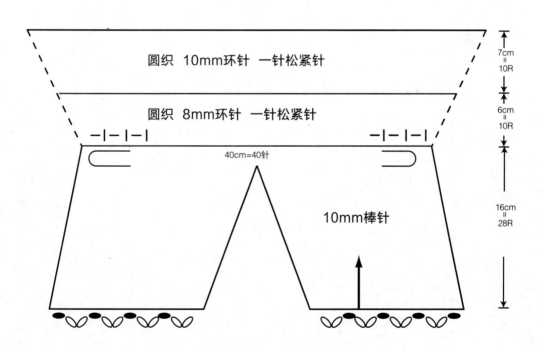

三角翻领背心 作品/P30

● **材料**
飞尔达粗毛线50g×5个、暗扣3组、装饰扣3个

● **工具**
10mm40、60cm环针，10mm棒针、
8mm60cm环针，12mm40cm环针

● **密度**
平针10cm＝10X／12R

● **完成尺寸**
衣宽68cm、衣长32cm

● **操作说明**

1. 用本色线以8mm60cm环针起78针，织4行起伏针后，换10mm60cm环针开始织，如图分配针数，放置记号圈，第1行全部织下针。

2. 右前片：3针起伏针、5针平针、7针麻花织、7针平针；后片34针平针；左前片：7针平针、7针麻花编、5针平针、3针起伏针。

3. 织18行后，袖圈位置如图标，肋边记号圈位置前后各7针改织起伏针4行（共22行），第23行袖圈如图套收共8针。

4. 左右前片翻领之位置分别如图编织。

5. 后片亦如图编织至完成。

6. 肩部以中表接缝法接缝完成。

7. 领子以10mm40cm环针先织右前领活针13针、1针（肩部交接处）、后领活针10针、1针（肩部交接处）、左前领活针13针，共38针，织起伏针5行后换12mm40cm环针再织起伏针5行，最后以下针套收套收完成。

8. 完成后于前襟平均缝上暗扣及装饰扣。

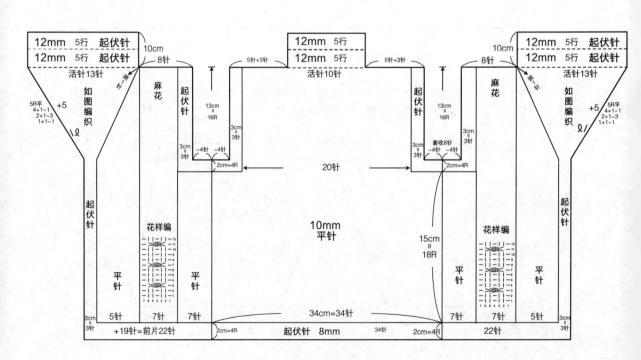

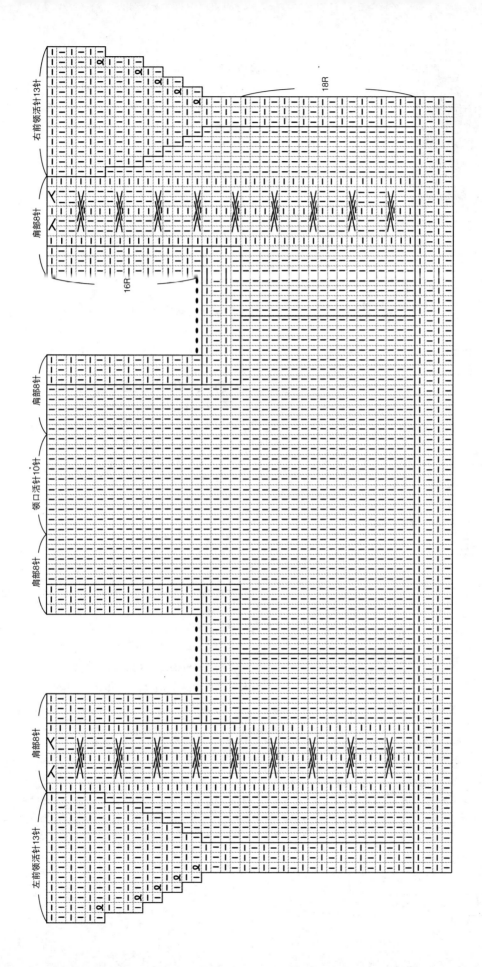

右前领活针13针
肩部8针
18R
16R
肩部8针
领口活针10针
肩部8针
肩部8针
左前领活针13针

长袖滚边开襟外套

作品/P34

● **材料**
皇族美丽诺粉红毛线50g×6个、金缕羽毛线50g×2个、暗扣5组、装饰扣5个

● **工具**
12号22cm环针、10号40cm环针，10号棒针、12号棒针（或12号80cm环针）

● **密度**
美丽诺线10cm = 16X／25R
羽毛线10cm = 14X／17R

● **完成尺寸**
衣宽70cm、衣长43cm、袖长34cm

● **操作说明**

1. 以12号棒针（或12号80CM环针）别色线起针34针、62针、34针，合计共130针，如花样编编织肋边50行约20cm，并于第13、25、37行做肋边减针，使针数变成31针、56针、31针，共剩118针。

2. 分出左前片31针、后片56针、右前片31针后分别做袖圈减针。

3. 后片于袖圈减针开始算起34行（约13cm），做后领口减针，使其肩部剩下11针。

4. 左前片与右前片则从袖圈减针开始算起24行做领口减针，使其肩部剩下14针，并于最后一行将其收针成11针。

5. 肩部接合以中表接缝法接缝完成。

6. 两片袖子以别色线起针40针，织肋边50行约20cm并于第9、17、25、33、41行做左右袖肋加针使针数加成50针后，做袖山减针，使针数减成18针，最后以套收针套收完成。

7. 将袖子两肋边以行对行接缝法接缝完成。

8. 袖子与身片以钩针接缝法钩缝完成。

9. 下摆以12号针解别色线挑出左前片34针、后片62针、右前片34针，合计共130针，因线材不同的因素，必须将左前片34针平均减针成26针，后片由62针平均减针成55针，右前片34针平均减针成26针，合计107针，第1行织下针，第2行至第12行织一针松紧针，最后以套收针套收完成。

10. 袖口以12号22cm环针挑出40针，第1行织下针并每5针减1针将针数减成32针，第2行至第10行织一针松紧针，最后以套收针套收完成。

11. 左前襟与右前襟各以10号针各挑出59针织一针松紧针8行，最后以一针松紧针收缝法收缝完成。

12. 领口以10号40CM环针，左前领口挑24针，后领口挑23针，右前领口挑24针，合计71针，织一针松紧针8行，最后以一针松紧针收缝法收缝完成。

13. 完成后于前襟平均缝上暗扣及装饰扣。

10号针　挑23针

8R

挑24针

挑24针

18R

10号针

59针

12号

12号针

花样编

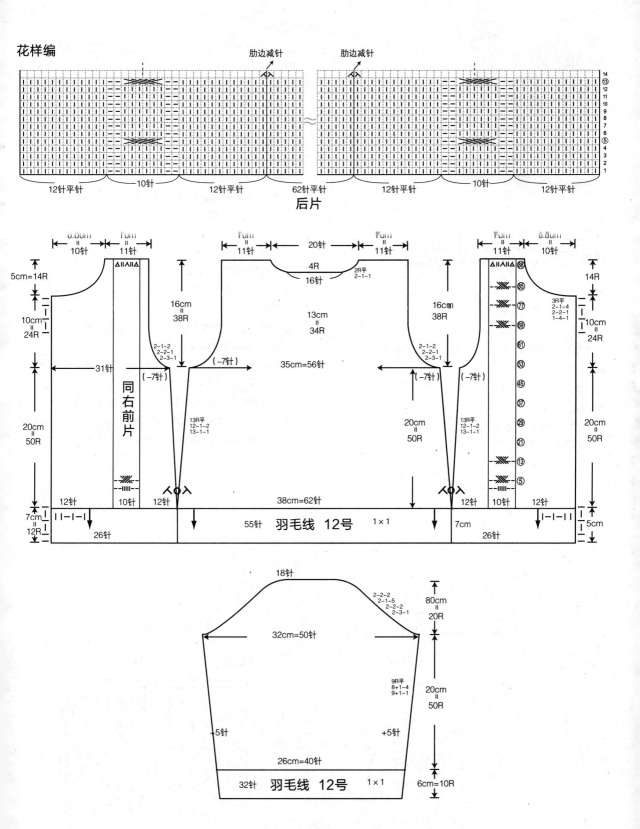

肋边减针　　　肋边减针

14
13
12
11
10
9
8
7
6
5
4
3
2
1

12针平针　　10针　　12针平针　　62针平针　　12针平针　　10针　　12针平针

后片

0.8cm / 10针　　　1cm / 11针　　　　　1cm / 11针　　20针　　1cm / 11针　　　　1cm / 11针　　0.8cm / 10针

5cm=14R

4R
16针
2R平
2-1-1

16cm / 38R

13cm / 34R

16cm / 38R

10cm / 24R

14R

10cm / 24R

2-1-2
2-2-1
2-3-1

(-7针)

(-7针)

35cm=56针

2-1-2
2-2-1
2-3-1

(-7针)

(-7针)

31针

同右前片

13R平
12-1-2
13-1-1

13R平
12-1-2
13-1-1

20cm / 50R

20cm / 50R

12针　　10针　　12针　　　　38cm=62针　　　　　　12针　　10针　　12针

7cm / 12R

26针

55针　羽毛线　12号　1×1

7cm

26针

5cm

18针

2-2-2
2-1-5
2-2-2
2-3-1

80cm / 20R

32cm=50针

9R平
8+1-4
9+1-1

20cm / 50R

+5针

+5针

26cm=40针

32针　羽毛线　12号　1×1

6cm / 10R

女童长版背心 作品/P36

● 材料
宝贝婴儿线50g×3个

● 工具
6号40cm环针、8号60cm环针、8号棒针

● 密度
10cm = 28X／32R

● 完成尺寸
腰宽50cm、衣宽54cm、衣长44cm

● 操作说明

1. 以8号棒针别色线起针87针，如花样编编织，其中孔雀花为1花样14针。

2. 前后片编织，肋边第41行将每朵花14针的花样如图减针成12针1花样，即是用中上三并针的方法将之织成中上五并针，则每14针的花样就变成了12针1花样，而87针的针数亦会变成75针。

3. 继续编织，而第43行中心又恢复织中上三并针，针数维持75针至82行肋边完成。

4. 前后片分别做袖圈减针左右各共减12针，后片共织袖圈44行做后领减针，使其肩部各剩下10针。

5. 前片从袖圈减针起共织18行，做前圆领减针，使其肩部各剩下10针。

6. 肩部接缝以中表接缝法接缝完成。

7. 肋边以行对行的肋边缝缝合完成。

8. 下摆解别色线前后片共挑出174针（87针×2），如以8号60cm环针织下摆缘边花样编织共9行后，最后以下针套收针套收（勿套收太紧）。

9. 袖圈以6号40cm环针前共挑72针，如袖圈花样缘边编织共9行，最后以下针套收针套收（勿套收太紧）。

10. 领口以6号40cm环针后片挑33针，前片左右片及中心共挑59针（合计共92针），如领口缘边化样共织9行，最后以下针套收针套收完成（套收均匀，不要过紧过松）。

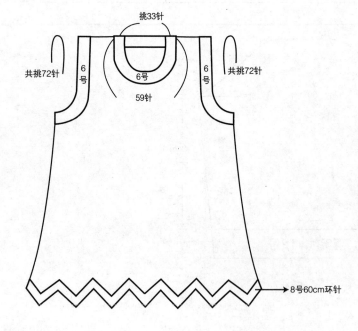

领口、袖圈下摆缘编花样

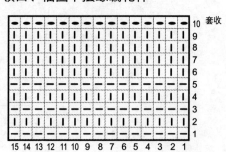

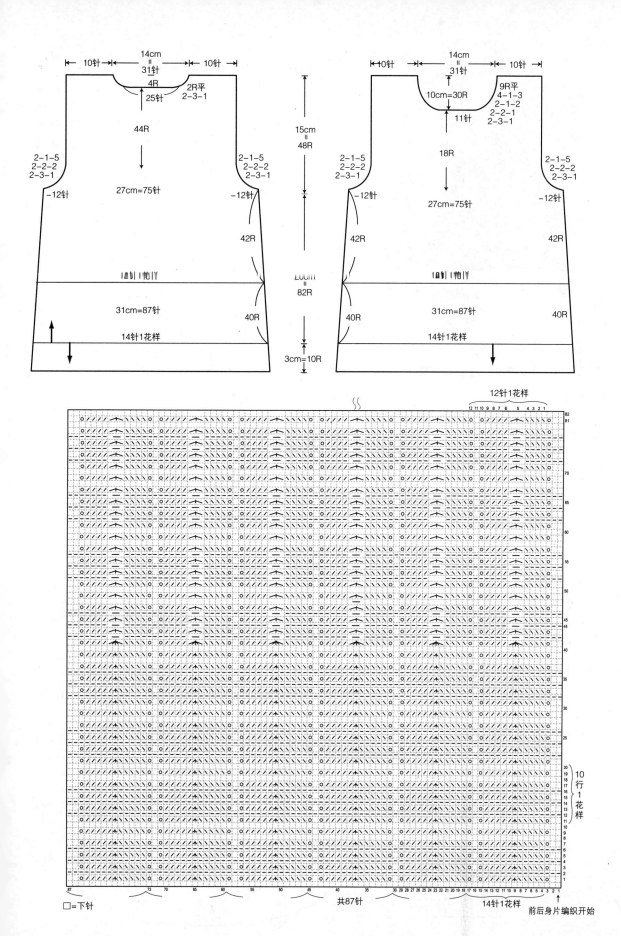

●操作说明

1. 以10号60cm环针别色线起针200针，如花样圆形编织，并于第12行每10针减1针共20次，使针数变成180针，第24行每9针减1针共20次，使针数变成160针，于第36行每8针减1针共20次，使针数变成140针，第48行每7针减1针共20次，使针数变成120针，第60行每6针减1针共20次，使针数变成100针，而第72行则每5针减1针共20次，使针数变成80针。

2. 80针继续编织至84行约28cm，将80针正反往返编织并将前后8针织起伏针，中间帽身部分织平针共56针后如图于中心两侧做减针（仍然维持一片织）。

3. 最后中心两侧剩各30针。

4. 将左右各30针以中表接缝法接缝完成帽顶。

5. 起针处解开别色线挑出200针，改以11号60cm环针编织起伏针共12行，最后以上针套收针套收完成。

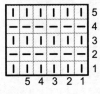

连身帽斗篷 作品／P32

●材料
婴儿棉棉线40g×5个

●工具
10号40cm环针，10号、11号60cm环针

●密度
10cm = 20X／30R

●完成尺寸
衣下摆宽108cm、衣长31cm、帽深23cm

下摆起伏针　花样编

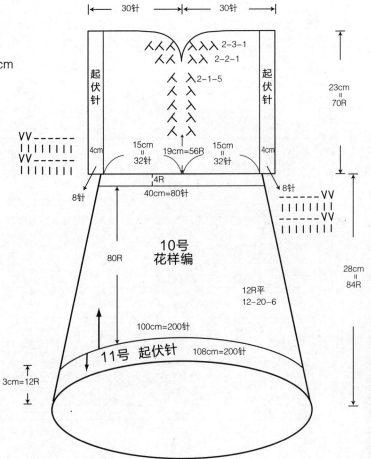

100%幸福完结篇，让您感受衣+配件的温暖时光！

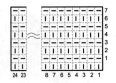

背袋

● **材料**
金缕圈圈纱50g×2个

● **工具**
15号40cm环针、15号短棒针、
5/0号钩针

● **密度**
10cm = 15X／24R

● **完成尺寸**
袋16cm×14cm、背带60cm

● **操作说明**

1. 以15号40cm环针别色线起针
   48针，环织起伏针34行，后
   以上针套收针套收完成。

2. 以15号短棒针本色线起针法
   起针6针，织起伏针126行约
   60cm，最后以下针套收法套
   收完成，并以缝针卷针缝固定
   于袋子两旁。

3. 起针处解别色线以15号40cm
   环针挑出活针共48针，并将其
   前后各1针以5/0号钩针钩入1
   条20cm对折成10cm的2条流
   苏，即第1针与48针、第2针与
   第47针、第3针与第46针……
   第24针与第25针为1组，挂入
   流苏，而袋底也因此密合。

4. 最后以现成饰品装饰即可。

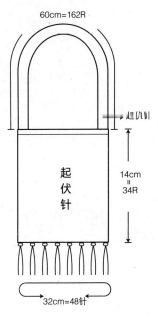

● **操作说明**

1. 以8mm棒针别色线起针9针，
   织起伏针24行约12cm。

2. 第25行织完9针后，接着织起
   针处解别色线的9针，合计18
   针，织起伏针96行约53cm。

3. 最后以8/0号钩针每钩3锁针，
   套收引拔1针，将所有针目套
   收完毕即成。

短围巾

● **材料**
圈圈纱50g×1个

● **工具**
8mm棒针、8/0号钩针

● **密度**
10cm = 11X／18R

● **完成尺寸**
长59cm、宽16cm

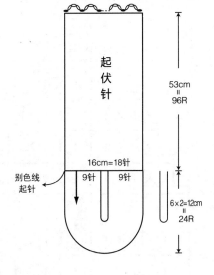

红色

绿色

● 操作说明

1. 以8号40cm环针别色线起针80针，织起伏针8行约2.5cm，后改织花样编34行约11.5cm。

2. 第35行将80针以左上二并针每2针并成1针，使其针数由80针减成40针，第36行再将40针收针成20针，最后以缝针将针目一一穿起拉紧成帽顶。

3. 起针处解别色线，以8号40cm环针先织14针，再套收21针，再织14针，再套收31针，使针数剩下两边的耳朵针数，如图编织并减针，最后使其针数剩下6针，线留20cm剪断。

4. 剪线长40cm6条，将其穿入耳朵剩下的6针，加原来留下的1条使其成为13条。

5. 最后将13条分配成4、4、5编三股麻花辫，最后固定成流苏即完成。

遮目帽（绿色）

● 材料

　美丽诺毛线50g×2个

● 工具

　8号40cm环针

● 密度

　10cm = 20X／31R

● 完成尺寸

　帽宽40cm、帽深14cm

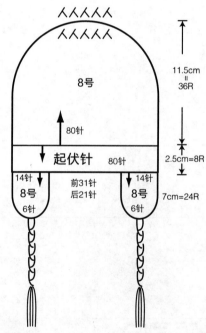

11.5cm = 36R

8号

80针

起伏针 80针

2.5cm=8R

14针 8号 6针

前31针 后21针

14针 8号 6针

7cm=24R

耳朵编织图

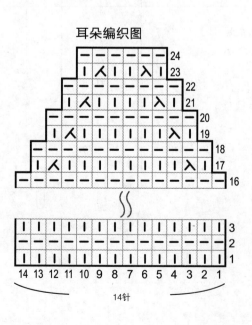

14针

花样编

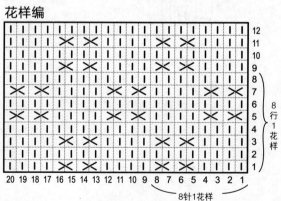

8行1花样

8针1花样

遮目帽（红色）

● **材料**
美丽诺毛线50g×2个

● **工具**
8号40cm环针

● **密度**
10cm＝20X／27R

● **完成尺寸**
帽宽42cm、帽深16cm

● **操作说明**

1. 以8号40cm环针别色线起针84针，织起伏针8行约2.5cm，后改织花样编34行约13cm。

2. 第35行将84针以左上二并针每2针并成1针，使其针数由84针减成42针，第36行再将42针减针成20针，最后以缝针将针目一一穿起拉紧成帽顶。

3. 起针处解别色线，以8号针40cm环针先织16针，再套收21针，再织16针，再套收31针，使针数剩下两边的耳朵针数，如图编织并减针，最后使其针数剩下6针，线留20cm剪断。

4. 剪线长40cm6条，将其穿入耳朵剩下的6针，加原来留下的1条使其成为13条。

5. 最后将10条分配成4、4、5编二股麻花瓣，最后固定流苏即完成。

耳朵编织图

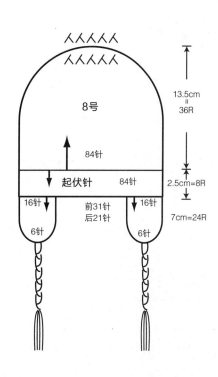

花样编

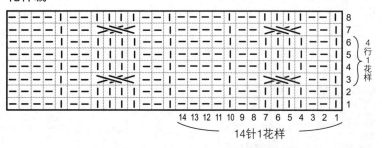

图书在版编目（CIP）数据

零基础也能织的宝贝毛衣 / 潘美伶著. 一沈阳：辽宁科学技术出版社，2012.9

ISBN 978-7-5381-7601-8

Ⅰ.①零… Ⅱ.①潘… Ⅲ.①童服-毛衣-编织-图集 Ⅳ.①TS941.763.1-64

中国版本图书馆CIP数据核字（2012）第176028号

出版发行：辽宁科学技术出版社
　　　　　（地址：沈阳市和平区十一纬路29号　邮编：110003）
印 刷 者：沈阳市新友印刷有限公司
经 销 者：各地新华书店
幅面尺寸：185mm×260mm
印　　张：7
字　　数：100千字
印　　数：1~5000
出版时间：2012年9月第1版
印刷时间：2012年9月第1次印刷
责任编辑：赵敏超
封面设计：袁　姝
版式设计：袁　姝
责任校对：徐　跃

书　　号：ISBN 978-7-5381-7601-8
定　　价：28.00元

联系电话：024-23284367 联系人：赵敏超　编辑
地址：沈阳市和平区十一纬路29号　辽宁科学技术出版社
邮编：110003
E-mail:@hotmail.com
http://www.lnkj.com.cn
本书网址：www.lnkj.cn/uri.sh/7601

我最想要的编织书

作者：王晶辉
ISBN 9787538167320 / 45.80元 /
210mm × 285mm / 192页 / 2012.1

超人气作者，打造一流作品！图文并茂作品解说+视频解说，你就是下一个编织达人！本书详细介绍了各种针法符号，每一款作品都有详细的制作图解和说明，一一突破编织重点和难点。

零基础钩针入门

作者：张翠
ISBN 9787538173208 / 29.80元 /
210mm × 285mm / 80页 / 2012.2

本书用最准确的针法剖析、最贴心的文字讲解、最详细的光盘教学，手把手教你从起针到完成整件成衣，附带长达4小时的真人钩针基础教学同步光盘，还有时下最流行的一线连钩法讲解。轻松为你解答衣服各部位的编织难点，无需任何基础，就能钩出你想要的毛衣。

我最想要的编织书II

作者：王晶辉
ISBN 9787538172539 / 45.80元 /
210mm × 285mm / 192页 / 2012.1

超人气作者，打造一流作品！图文并茂作品解说+视频解说，你就是下一个编织达人！本书详细介绍了各种针法符号，每一款作品都有详细的制作图解和说明，一一突破编织重点和难点。本书更配有64页全图解纸型+3小时超长高清DVD教学光盘，让一切难点变得简单直观。

延续《我最想要的编织书》的超高人气。

零基础棒针入门

作者：张翠
ISBN 9787538173192 / 29.80元 /
210mm × 285mm / 80页 / 2012.2

本书是一本手把手教你从如何起针到织成一件成衣的基础教学书，附带同步光盘，长达4小时的真人棒针基础教学，让你待在家里带着孩子也能随时学习。另外还有对《7天即可织成的宝宝装》等畅销书中的多款经典作品的编织讲解，让你举一反三，为宝宝织出更多美衣。

品味钩编
——钩针达人青瓜的魅力作品集

作者：青瓜
ISBN 9787538173895 / 32.000元 /
210mm × 285mm / 132页 / 2012.3

青瓜的钩针专辑终于和大家见面了，历经5个寒冬和酷暑，一千多个日夜，从几百件作品中精挑细选40件纳入这本作品集。希望本书带给大家的不单单是详细的图解和简单的钩织技巧，还有对美好事物的追求、对时尚的解读以及对生活的热爱。

螺旋花的魅力

作者：编织人生 何晓红
ISBN 9787538172744 / 28.00元 /
210mm × 285mm / 104页 / 2012.3

本书是国内第一本纯手工螺旋花编织品图书。螺旋花作为一种纯美花形，受到众多爱好者的追捧。然而复杂的花式常常让人望而却步。本书提供超详细的全彩色step by step步骤图，手把手教您学会，并能举一反三，尝试各种变化。同时书中展示了14款利用这种花形编织的成人女装，精美绝伦。

我的手编时尚毛衣

作者：曾欣
ISBN 9787538172522 / 39.80元 /
210mm × 285mm / 208页 / 2012.1

我的手编经典毛衣

作者：张翠
ISBN 9787538170405 / 39.80元 /
210mm × 285mm / 208页 / 2011.7

我的手编靓丽毛衣

作者：张翠
ISBN 9787538170399 / 39.80元 /
210mm × 285mm / 208页 / 2011.7

我的手编休闲毛衣

作者：张翠 万秋红
ISBN 9787538169256 / 39.80元 /
210mm × 285mm / 208页 / 2011.5

如果你喜欢封面上的作品，相信本书中其他作品也不会让你失望！书中所有款式都附有详细编织图解，只要你愿意，就可以将近百款精选美衣轻松带回家。

·读者服务卡·

我购买了《 　　　　　》。

1.个人资料

姓名 ＿＿＿＿＿＿＿＿＿＿ 出生 ＿＿＿＿＿＿＿＿ 年 ＿＿＿＿ 月 　文化程度 ＿＿＿＿＿＿＿＿＿

单位 ＿＿＿＿＿＿＿＿＿＿＿＿ 通讯地址 ＿＿＿＿＿＿＿＿＿＿＿＿＿ 邮编 ＿＿＿＿＿＿＿＿＿

联系电话 ＿＿＿＿＿＿＿＿＿＿ QQ ＿＿＿＿＿＿＿＿＿ E-mail ＿＿＿＿＿＿＿＿＿

2. 您从何处得知本书的出版？

□书店　　　　□报纸杂志《 ＿＿＿＿＿＿ 》　　　□书讯

□亲朋好友　　□网络　　　□毛线产品市场　　　□其他 ＿＿＿＿＿＿＿＿＿

3.您大约什么时候购买了本书？　＿＿＿＿＿ 年 ＿＿＿＿ 月 ＿＿＿＿ 日

4.您从何处购买的本书？　＿＿＿＿＿＿ 市 ＿＿＿＿＿＿＿＿ 书店

□展会　　　□邮购　　　□网上订购　　　□书店　　　□其他 ＿＿＿＿＿＿＿

5. 您购买本书的原因？（可复选）

□个人爱好　　□加工参考　　□生活实用　　□作者

□价格合理（如不合理，您觉得合理的价格应是 ＿＿＿＿＿ 元）　　□其他 ＿＿＿＿＿＿

6. 您经常在什么地方买书？　＿＿＿＿＿＿＿＿＿＿＿＿＿＿＿＿＿＿＿＿＿

7. 您经常购买哪类图书？　＿＿＿＿＿＿＿＿＿＿＿＿＿＿＿＿＿＿＿＿＿＿

8. 您所喜欢的编织方面的图书或杂志有哪些？

① ＿＿＿＿＿＿＿＿＿＿＿＿＿＿＿＿　② ＿＿＿＿＿＿＿＿＿＿＿＿＿＿＿

③ ＿＿＿＿＿＿＿＿＿＿＿＿＿＿＿＿　④ ＿＿＿＿＿＿＿＿＿＿＿＿＿＿＿

9. 您购买编织图书时考虑的因素有哪些？

□作者　□主题　□摄影　□出版社　□价格　□实用　□其他 ＿＿＿＿＿＿＿＿＿

10. 您对书籍的写作是否有兴趣？　□没有　□有（我们会尽快与您联络）

11. 您认为本书尚需改进之处有哪些？

＿＿＿＿＿＿＿＿＿＿＿＿＿＿＿＿＿＿＿＿＿＿＿＿＿＿＿＿＿＿＿＿＿＿＿＿＿

12.您希望我们未来出版何种内容的图书？

＿＿＿＿＿＿＿＿＿＿＿＿＿＿＿＿＿＿＿＿＿＿＿＿＿＿＿＿＿＿＿＿＿＿＿＿＿

＿＿＿＿＿＿＿＿＿＿＿＿＿＿＿＿＿＿＿＿＿＿＿＿＿＿＿＿＿＿＿＿＿＿＿＿＿

＿＿＿＿＿＿＿＿＿＿＿＿＿＿＿＿＿＿＿＿＿＿＿＿＿＿＿＿＿＿＿＿＿＿＿＿＿

　　亲爱的读者朋友，您对《 　　　　　》及我社出版的其他编织类图书有何意见与建议，欢迎来电来函与我们沟通。对于您的支持与关心，我们将不胜感激。凡是提供反馈意见者（注：上表可复印使用），均可不定期获得我社最新编织类新书书讯。同时，我们也热切地希望您能踊跃投稿！

辽宁科学技术出版社

地址：沈阳市和平区十一纬路29号　110003　社内邮购：024-23284502　23284507　23284559　投稿热线：024-23284367

http://www.lnkj.com.cn　　　　网络发行：http://lkjcbs.tmall.com　　QQ：473074036（请注明"编织"等字样）